FORSCHUNGSBERICHTE DES LANDES NORDRHEIN-WESTFALEN

Herausgegeben
im Auftrage des Ministerpräsidenten Dr. Franz Meyers
von Staatssekretär Professor Dr. h. c. Dr. E. h. Leo Brandt

DK 621-43.066.1 : 621.43.068.2

Nr. 982

Dr.-Ing. Werner Wilhelm

Aerodynamisches Institut der Technischen Hochschule Aachen

Die Wirkung von Auspuffrohren mit Blenden am Rohrende sowie diffusorartiger Auspuffleitungen auf den Ladungswechsel einer Einzylinder-Zweitakt-Vergasermaschine mit Kurbelkastenspülpumpe

Als Manuskript gedruckt

Springer Fachmedien Wiesbaden GmbH
1961

Additional material to this book can be downloaded from http://extras.springer.com

ISBN 978-3-663-20090-1   ISBN 978-3-663-20450-3 (eBook)
DOI 10.1007/978-3-663-20450-3

Gliederung

1. Einleitung . . . . S. 7
2. Versuchs- und Meßeinrichtungen . . . . S. 10
3. Art und Abmessungen der angeflanschten Auspuffleitungssysteme. . . . . S. 11
4. Meßergebnisse. . . . . S. 13
   4.1 Allgemeines zu den Messungen . . . . S. 13
   4.2 Meßergebnisse an der Ausgangsmaschinenanordnung; Vergleich des gemessenen zeitlichen Saugrohrdruckverlaufes mit dem errechneten zeitlichen Saugrohrdruckverlauf S. 13
   4.3 Meßergebnis an der Maschine mit angeflanschten einfachen Auspuffrohren bei offenem Rohrende. . . . . S. 24
   4.4 Der Einfluß einfacher Auspuffrohre mit Blenden am Rohrende auf die Kennfeldgrößen der Versuchsmaschine bei Vollast. . . . . S. 25
   4.5 Der Einfluß von kombiniert angeordneten Auspuffrohren und Diffusoren am Auspuff bei offenem Diffusorende auf die Kennfeldgrößen der Versuchsmaschine bei Vollast. . . S. 26
   4.6 Der zeitliche Druckverlauf im Kurbelkasten, Zylinder und im Auspuffrohr-Diffusorsystem. . . . . S. 30
   4.7 Der Einfluß von kombiniert angeordneten Auspuffrohren und Diffusoren am Auspuff mit Blendenanordnung am Diffusorende auf die Kennfeldgrößen der Versuchsmaschine bei Vollast. . . . . S. 32
5. Zusammenfassung. . . . . S. 33
6. Formelzeichen. . . . . S. 35
7. Literaturverzeichnis . . . . S. 38
8. Bildliche Darstellungen. . . . . S. 39

Vorwort

In der Motorenliteratur vereinzelt erschienene Berichte über diffusorartige Auspuffleitungssysteme an Zweitaktmaschinen ließen eine systematische Untersuchung des Einflusses dieser Leitungssysteme auf den Gaswechsel der genannten Maschinen wünschenswert erscheinen.

Ein Teil dieser Aufgabe wurde im Rahmen des zur Zeit am Aerodynamischen Institut der Technischen Hochschule Aachen laufenden Untersuchungsprogrammes über die nichtstationären Strömungsvorgänge in pulsierend arbeitenden Maschinen in Angriff genommen, dieser Bericht ist gleichzeitig als Fortsetzung des Forschungsberichtes Nr. 588 des Wirtschafts- und Verkehrsministeriums von Nordrhein-Westfalen gedacht, welcher über die dynamische Wirkung einfacher Auspuffleitungen auf den Gaswechsel einer Zweitaktmaschine berichtete.

Der vorliegende Bericht beschränkte sich vorerst auf die Wiedergabe einer Reihe von experimentellen Untersuchungsergebnissen an einer vorgegebenen Versuchsmaschine und sollte nochmals auf die für Zweitaktmotoren entscheidende Abhängigkeit der Leistungs- und Verbrauchsgrößen vom Strömungsablauf in den angeschlossenen Leitungen hinweisen.

Für die Durchführung dieser Arbeit gewährten Möglichkeit sowie für wissenschaftliche Förderung bin ich dem Leiter des genannten Institutes, Herrn Prof. Dr.-Ing. F. SEEWALD zu stetem Dank verpflichtet.

Für experimentelle Hilfen sei an dieser Stelle Herrn Dipl.-Ing. R. JÜRGLER und Herrn cand.-phys. E. HEINECKE gedankt.

Aachen, 1959

1. Einleitung

Über die dynamische Wirkung einfacher Auspuffrohre mit offenem Rohrende auf den Gaswechsel einer Einzylinder-Zweitakt-Vergasermaschine mit Kurbelkastenspülpumpe und die Möglichkeit einer Steigerung der Maschinenleistung durch "abgestimmte" Auspuffrohrabmessungen ist bereits im Forschungsbericht Nr. 588 [11][1] des Wirtschafts- und Verkehrsministeriums von Nordrhein-Westfalen berichtet worden[2]. Es zeigte sich, daß jeder Maschinendrehzahl eine bestimmte Auspuffrohrlänge zugeordnet werden konnte, deren dynamische Wirkung auf den Gaswechsel in der Erzielung einer optimalen Leistung - im Vergleich mit den entsprechenden Leistungswerten der Maschine ohne Rohranordnung - bestand. Ferner konnte festgestellt werden, daß die "Drehzahlbreite" der "abgestimmten" Auspuffrohrlängen verhältnismäßig groß war, so daß sich auch für Fahrzeugmotoren die Ausnützung der dynamischen Auspuffrohrwirkung als lohnend darstellte.

Werden Abgasturbinen nach Auspuffrohren geschaltet, wie es z.B. beim Büchi-Verfahren geschieht, so ist einzusehen, daß der Auspuffrohrendquerschnitt nicht mehr als offenes Rohrende angesehen werden kann. Die nichtstationäre Auspuffrohrströmung verhält sich dann näherungsweise in der Art, als ob eine Drosselstelle am Rohrende vorhanden wäre. Der Druck hinter der die Turbine ersetzend gedachten Drossel darf weiter als konstant angesehen werden, wenn die Turbine als Gleichdruckturbine ausgeführt wurde.

Ebenso kann ein Schalldämpfer am Auspuffrohrende in seinen Auswirkungen auf die nichtstationäre Auspuffrohrströmung als Drossel aufgefaßt werden. In beiden angeführten Fällen muß das vorgeschaltete Auspuffrohr ebenfalls sorgfältig auf den Gaswechsel der Maschine abgestimmt werden, damit Leistungseinbußen vermieden werden.

Ein vorzügliches Mittel zur Durchführung einer erfolgreichen Spülung und Aufladung der Zweitaktmaschine bietet die Ausnützung der starken Saugwirkung von auspuffseitigen Diffusoren, die sich infolge der pulsierenden Auspuffströmung am Auslaßschlitz einstellt. Die über diese Vorgänge berichtende Literatur ist verhältnismäßig gering. So brachte M. LEIKER [9] Versuchsergebnisse an einer gebläsegespülten Zweitakt-Dieselmaschine mit

---

1. Die Zahlen in eckigen Klammern [ ] weisen auf das angeführte Schrifttum hin
2. Der Forschungsbericht Nr. 588 ist als Mitteilungen aus dem Aerodynamischen Institut der Techn. Hochschule Aachen erschienen

Auspuffdiffusor. Hier erwies sich die dynamische Wirkung des angeschlossenen Diffusors so stark, daß die Spülung der Versuchsmaschine bei Abschaltung des Spülgebläses selbständig aufrecht erhalten werden konnte und zudem erhebliche Leistungssteigerungen registriert wurden. Dieser Effekt ist in der Literatur als Kadenacy-Effekt bekannt. E. JENNY [6] führte eine Reihe von Modellversuchen an Diffusoren durch und zeigte anhand der mit der Charakteristikenmethode von F. SCHULTZ-GRUNOW [3] und R. SAUER [2] durchgeführten gasdynamischen Rechnung eine gute Übereinstimmung zu den durchgeführten Druckmessungen. Diese Rechnungen erforderten allerdings einen beträchtlichen Zeitaufwand. Die Berechnung der nichtstationären Strömungsvorgänge in Diffusoren nach der akustischen Methode der Wellenausbreitung kleiner Druckstörungen, die von G. REYL [7] angeführt wurde, erfaßt nur näherungsweise die wirklichen Strömungsvorgänge. Die Wirkung von Auspuffdiffusoren an Zweitaktmaschinen läßt sich vereinfacht in folgender Weise erklären: Faßt man einen Diffusor als eine Folge kleiner Querschnittserweiterungen auf und denkt sich einen Vorauslaß-Druckstoß in diesen hineinlaufend, so werden zum engsten Querschnitt des Diffusors hin fortlaufend Saugwellen zurückgesandt, die den Motorzylinder zuerst von verbrannten Gasen befreien und dann den Transport der Frischladung in den Zylinder durchführen. Gegenüber der Wirkung des offenen Endes eines einfachen Auspuffrohres, von der auch eine Saugwelle zum Auslaßschlitz zurückläuft, ist beim Auspuffdiffusor von Vorteil, daß nur ein Teil der vorlaufenden Druckenergie am offenen Diffusorende verwirbelt, der größere Teil aber zur ständigen Neubildung von zurücklaufenden Saugwellen verwendet wird; d.h., daß die Ausnützung der gegebenen Abgasenergie im Diffusor mit höherem Wirkungsgrad hinsichtlich der Spülung und Aufladung erfolgt. Ein vor den Diffusor geschaltetes zylindrisches Rohr ist so zu wählen, daß die Saugwirkung des Diffusors erst bei Spülbeginn einsetzen kann und kein vorzeitiges Abbauen des Vorauslaßdruckberges einsetzt, dessen Erhaltung nach E. JENNY [6] maßgebend für eine optimale Unterstützung des Gaswechsels durch die pulsierende Strömung im Auspuffsystem ist. Über die richtige Wahl des Diffusoröffnungswinkels kann erst der Versuch Entgültiges aussagen. Auch die richtige Bemessung der Diffusorlänge läßt sich nicht exakt voraussagen. Die Verwendung von "abgestimmten" Auspuffdiffusoranordnung am Auspuff von Zweitaktfahrzeugmotoren kann dann von großem Interesse sein, wenn es durch geeignete an den Diffusor angeflanschte Schalldämpfer gelingt, den auftretenden lauten und dumpfen Auspufflärm wesentlich herabzusetzen, ohne allerdings andererseits die erwünschte dynamische Wirkung des Auspuffdiffusors auf den Gaswechsel der Maschine zu stören. Es soll das Ziel der vorliegenden Arbeit sein, den Einfluß verschiedenartiger Auspuffleitungssysteme auf die Kennfeldgrößen einer vorgegebenen Einzylinder-Zweitakt-Vergasermaschine mit Kurbelkastenspülpumpe experimentell festzustellen. Hierbei sollen die folgenden, im praktischen Motorenbau interessierenden Auspuffleitungssysteme an die Versuchsmaschine angeflanscht werden:

a) Einfache, zylindrische Auspuffrohre mit verschiedenen Auslaufblenden am Rohrende als Ersatzfall für angeflanschte Abgasturbinen,

b) Kombiniert angeordnete zylindrische Auspuffrohre mit anschliessenden Diffusoren unterschiedlicher Längen bei offenen Diffusorenden,

c) Kombiniert angeordnete zylindrische Auspuffrohre mit anschliessenden Diffusoren und verschiedenen Auslaufblenden am Diffusorende.

Zur Ergänzung der Untersuchungsergebnisse an der "Ausgangsmaschinenanordnung", die im Forschungsbericht Nr. 588 [11] enthalten sind, soll die nichtstationäre Strömung in der (für alle nachfolgenden Versuche unverändert belassenen) Saugrohranlage durch eine piezoelektrische Druckmessung bei einer ausgewählten Drehzahl näher untersucht und der registrierte zeitliche Druckverlauf in einem bestimmten Saugrohrquerschnitt mit einer nach der akustischen Methode durchgeführten Rechnung verglichen werden.

Ferner soll die Berechtigung der Annahme, daß das Auspuffrohrstück der "Ausgangsmaschinenanordnung" von der Länge l_{za_o} = 100 [mm] in seiner dynamischen Wirkung dem Fall des "Auspuffs in's Freie" etwa gleichgesetzt werden darf, nachgeprüft werden.

Zum Schluß sollen die gewonnenen Versuchsergebnisse an der Versuchsmaschine bei den durch die Punkte a, b und c beschriebenen Auspuffleitungssystemen den im Forschungsbericht Nr. 588 veröffentlichten Meßergebnissen bei Anordnung einfacher Auspuffrohre mit offenen Rohrenden gegenüber gestellt werden.

Der vorgegebene Versuchsmotor war eine Einzylinder-Zweitakt-Vergasermaschine mit Kurbelkastenspülpumpe der Firma Fichtel & Sachs vom Typ Stamo 360 L mit einem Hubvolumen von V_H = 357 [cm^3]. Eine genaue Beschreibung der Motordaten, der einzelnen Steuerschlitze, der Steuerwinkel sowie eine Darstellung der stationär gemessenen Durchflußzahlen α sämtlicher Steuerschlitze erfolgte bereits im Forschungsbericht Nr. 588, so daß auf eine Wiederholung verzichtet werden kann. Die beiden Spülkanäle des Versuchsmotors entsprachen der Firmenanordnung und hatten eine Länge von l_{kz} = 64 [mm] bei einem Kanalquerschnitt von E_{kz} = 41,5 · 9 [mm^2])[3]. Ihre geometrische Anordnung im Zylinderblock ist auf Abbildung 5 zu erkennen. Der Saugrohrstutzen, welcher für die nachfolgenden Versuche ebenfalls nach der Firmenanordnung beibehalten wurde (bis auf den angeflanschten Saugkessel und dessen Mündungsstück zum Saugrohr bei abmontiertem Saugfilter) geht aus Abbildung 4 hervor. Die maximale Drehzahl des Motors lag bei ca. n = 3000 [min^{-1}].

2. Versuchs- und Meßeinrichtungen

Der Aufbau des Versuchsstandes und die für die Versuchsdurchführung benötigten Meßeinrichtungen waren bereits im wesentlichen im Forschungsbericht Nr. 588 beschrieben worden. Abbildung 1 zeigt noch einmal die schematische Darstellung des Gesamtversuchsstandes, während in Abbildung 2 die angeordneten Meßstellen im Falle einer angeflanschten Diffusoranordnung am Auspuff schematisch angeführt sind. Der Versuchsstand war auf der Saugseite der Maschine mit einer Einrichtung zur Messung der von der Maschine angesaugten Luft- und Brennstoffmenge ausgerüstet. Im Saugrohrstutzen befand sich nach Abbildung 4 in einer Entfernung von 84 [mm] (gemessen von der Zylinderinnenwand ab) ein Druckmeßstutzen für die Aufnahme eines Quarzgebers. Eine geringere Entfernung dieses Druckmeßstutzens vom Einlaßschlitz war nicht möglich. Auslaßseitig befand sich in 70 [mm] Entfernung von der Zylinderinnenwand ein weiterer Druckmeßstutzen. Auch hier war es nicht möglich, die Druckmeßstelle näher an den Auslaßschlitz zu setzen. Die Lage dieser Meßstelle zeigt Abbildung 5 (mit p_1 bezeichnet) am Beispiel der "Ausgangsmaschinenanordnung". Je nach der Art der angeflanschten Auspuffleitungssysteme waren weitere Druckmeßstellen an diesen Leitungssystemen in unterschiedlicher Entfernung von der Zylinderwand angebracht. An der Versuchsmaschine war ein Druckmeßstutzen im Zylinderkopf und einer an der Kurbelkastenwandung angeordnet. Sie wurden in Abbildung 5 mit p_z und p_k bezeichnet.

Der Druckverlauf an den einzelnen Meßstellen wurde wieder mit Niederdruckquarzen bzw. der Zylinderdruck mit einem wassergekühlten Hochdruckquarz der Firma Staiger & Mohilo, Bad Cannstatt, gemessen. Die während des Meßvorganges in den Quarzgebern anfallenden elektrischen Ladungen wurden über einen im hiesigen Institut entwickelten Dreikanal-Gleichspannungsverstärker einem Mehrschleifenoszillographen der Firma Siemens

---
3. Siehe hierzu [12]

zugeleitet. Die später in den Abbildungen 7, 9, 14, 15, 16 und 17 angeführten Zahlen 11, 51 und 91 kennzeichnen die verwendeten Quarzgeber nach einer Institusregistrierung. Die Bezeichnung E3 und E8 bedeutet die Verstärkungseinstellung am Gleichspannungsverstärker, während die Bezifferung 5U, 10U die Schleifenempfindlichkeit im Oszillographen angibt. Der Vermerk Mitte 8, Mitte 9 und Mitte 10 markiert die Verstärkungseinstellung am Oszillographen selbst. Die zur Messung verwendeten Quarzgeber konnten wegen der relativ großen Zeitkonstanten des Gleichspannungsverstärkers statisch geeicht werden. Ein induktiver Geber vermittelte die Totpunktanzeige.

An der Welle der Versuchsmaschine war wieder eine Wasserwirbelbremse und ein Drehzählwerk zur Messung der Maschinenleistung angeflanscht. Die mittlere Abgastemperatur wurde durch ein Thermoelement bestimmt.

3. Art und Abmessungen der angeflanschten Auspuffleitungssysteme

Da der Endquerschnitt des im Zylinderblock eingegossenen Auslaßkanals einen Durchmesser von $d_{za} = 36^{\emptyset}$ [mm] hatte (s.Abb.5), ergab sich für alle angeflanschten Auspuffleitungssysteme im Hinblick auf einen ungestörten Strömungsablauf in diesem Querschnitt zwangsläufig die Forderung, deren Anfangsdurchmesser in derselben Größe auszuführen.

Eine Zusammenstellung der einzelnen für die Versuchsdurchführung gewählten Maschinenanordnungen gibt in schematischer Darstellung Abbildung 3. Da saugseitig keine Leitungsänderungen vorgenommen wurden, unterschieden sich die angeführten Maschinenanordnungen untereinander nur in ihrer jeweiligen Auspuffanlage.

In Abbildung 3a ist die im Forschungsbericht Nr. 588 schon näher ausgeführte "Ausgangsmaschinenanordnung" wieder aufgeführt worden. Das Leitungssystem dieser Maschinenanordnung wird durch die Abbildung 4 und Abbildung 5 im Detail wiederholt. Da der Idealfall einer Maschinenanordnung ohne Saug-, Spül- und Auslaßkanal nicht verwirklicht werden kann - diese Kanäle besitzen eine endliche Länge -, war die mit den in den Abbildungen 4 und 5 angeführten kurzen Leitungen ausgerüstete Maschine als "Ausgangsmaschinenanordnung" definiert worden. Wenn man nach H.LIST [8] die Größe des Laufwinkels φ_L einer Störwelle als Kriterium für die von einer Stelle der Leitung ausgehende Einwirkung auf die Strömung in dieser Leitung ansieht und diesem Laufwinkel eine Maximalgröße von ca. 10 [°KW] zuerkennt, ab wann die endliche Ausbreitungsgeschwindigkeit einer

Störung gegenüber den Leitungsabmessungen vernachlässigt werden kann, so läßt sich leicht abschätzen, ab wann mit Rohrwirkungen gerechnet werden muß. So ergibt sich mit der bekannten Beziehung $\varphi_L = 6 \cdot l \cdot a_m$ für das kurze Saugrohrstück nach Abbildung 4 ein Laufwinkel von $\varphi_L = 10,3 \ [°KW]$ bei $n = 3000 \ [min^{-1}]$ und $a_m = 333 \ [m/s]$. Hier liegt nach H. LIST [8] schon der Fall des "kurzen Rohres" mit merklicher "Beschleunigungswirkung" der strömenden Gassäule vor. Infolge der Unabhängigkeit der Einlaßsteuerung gegenüber der Auslaßsteuerung bei der hier vorgegebenen Versuchsmaschine darf angenommen werden, daß praktisch keine gegenseitige Beeinflussung des Auslaßvorganges mit dem Einlaßvorgang stattfindet. Die "Beschleunigungswirkung" im Saugrohrstutzen wird sich fast unabhängig von jeder sonst angeflanschten Auspuffleitung auf den Einlaßvorgang auswirken. Für die unverändert belassenen Spülkanäle $l_{kzo} = 64 \ [mm]$ und für das Auspuffrohrstück $l_{zao} = 100 \ [mm]$ der "Ausgangsmaschinenanordnung" erhält man bei der angeführten Drehzahl die Laufwinkelwerte $\varphi_L = 2,99 \ [°KW]$ bzw. $\varphi_L = 3,15 \ [°KW]$. In diesen Leitungen wird eine Störung etwa gleichzeitig in allen Querschnitten wirksam sein und damit werden "Beschleunigungsvorgänge" der strömenden Gassäulen nur eine unwesentliche Rolle spielen.

Die "Maschinenanordnung mit einfachen Auspuffrohren und offenem Rohrende" wurde in Abbildung 3b dargestellt, deren genaue Beschreibung wieder dem angeführten Forschungsbericht Nr. 588 entnommen werden kann. Die Auspuffrohre münden alle in einen größeren Abgaskessel. Unter den im Forschungsbericht Nr. 588 angeführten Auspuffrohrlängen l_{za} wurden drei bestimmte Rohrlängen $l_{za} = 565 \ [mm]$, $l_{za} = 656 \ [mm]$ und $l_{za} = 765 \ [mm]$ ausgewählt und am Ende dieser Rohre je drei verschiedene, nach den Bauvorschriften der "Regeln" [5] ausgebildete Normblenden mit den Öffnungsverhältnissen $m = 0,36$, $m = 0,5$ und $m = 0,65$ angeschraubt. Diese Auspuffanordnungen sind im einzelnen auf den Abbildungen 10a bis 10f aufgezeichnet worden. Mit diesen Auspuffanordnungen ergab sich die auf Abbildung 3c angeführte "Maschinenanordnung mit einfachen Auspuffrohren und Auslaufblenden". Die einzelnen Auspuffanordnungen mündeten hier in ein Abgassammelrohr von sehr großem Durchmesser, so daß wieder der Fall des Auspuffs ins Freie hinter den Auslaufblenden angenommen werden durfte.

Abbildung 3c zeigt die "Maschinenanordnung mit zylindrischem Auspuffrohr und angeschlossenem Diffusor bei offenem Diffusorende". Die Abmessungen dieser Auspuffanlagen gehen aus den Abbildungen 12a bis 12f hervor. Die einzelnen Diffusoren mündeten wieder in ein Abgassammelrohr. Die Lagen der einzelnen Druckmeßstutzen wurden in den angeführten Abbildungen vermerkt.

Auf Abbildung 3e ist schematisch die "Maschinenanordnung mit zylindrischem Auspuffrohr, angeschlossenem Diffusor und Auslaufblende" eingezeichnet. Die für die Versuchsdurchführung ausgewählten zwei Auspuffrohr-Diffusoranordnungen l_{za} = 365 [mm], l_{Diff} = 600 [mm] und l_{za} = 465 [mm], l_{Diff} = 600 [mm] mit den Normblenden m = 0,70 und m = 0,35 enthält Abbildung 21. Das Öffnungsverhältnis m der Auslaufblenden an diesen Diffusoren wurde sinngemäß den "Regeln" auf den letzten Diffusorquerschnitt bezogen, wie aus Abbildung 22 zu ersehen ist. Auch diese Auslaufblenden waren nach den Vorschriften der "Regeln" hergestellt worden.

4. Meßergebnisse

4.1 Allgemeines zu den Messungen

Alle Versuchsreihen wurden ausschließlich bei Vollast gefahren, die sich bekanntlich leicht bei vollgeöffnetem Vergaser und entsprechender Einstellung an der Bremse erzielen läßt. Die Zündeinstellung der Versuchsmaschine verblieb bei ZB = 26 [°KW] vor oT und die Größe der Vergaserdüse Nr. 90 bei allen Versuchen unverändert. Die vom Motor angesaugte Luftmenge und damit der Luftaufwand L der Maschine wurde auf den Außenzustand am Meßtage (Pa, T_a) bezogen. Von einer Umrechnung auf einen genormten Bezugszustand wurde abgesehen. Ebenfalls wurde die gemessene Maschinenleistung N_e [PSe] nicht auf einen Normzustand umgerechnet. In den aufgenommenen Oszillogrammen des Druckverlaufes mußte die atmosphärische Linie (aL) nach Schätzung nachträglich eingezeichnet werden, da ihre zusätzliche Messung bisher mit den vorhandenen Quarzgebern nicht möglich war und die in Erprobung stehenden Zusatzvorrichtungen gerade bei den höheren Drehzahlen unsicher arbeiteten. Wohl gelang eine ziemlich genaue zeitliche Fixierung dieser Oszillogramme mittels der induktiven Totmarkenschreibung, der gemessenen Drehzahl bzw. der mitaufgenommenen Zeitmarke bei den bekannten und nachgeprüften Steuerdaten der Versuchsmaschine.

4.2 Meßergebnisse an der "Ausgangsmaschinenanordnung"; Vergleich des gemessenen zeitlichen Saugrohrdruckverlaufes mit dem errechneten Saugrohrdruckverlauf

Das Kennfeld der in Abschnitt 3 näher ausgeführten "Ausgangsmaschinenanordnung" wurde in Abbildung 6 nochmals aufgeführt und ist den im Forschungsbericht Nr. 588 dargestellten Meßergebnissen entnommen worden.

Über der Drehzahl n $[min^{-1}]$ wurden der mittlere Arbeitsdruck p_e $[kg/cm^2]$, der spezifische Brennstoffverbrauch b_e $[gr/PSeh]$, der stündliche Brennstoffverbrauch B_e $[kg/h]$, der Luftaufwand L vom Ausgangszustand des Meßtages, die mittlere Abgastemperatur T_{abg_m} $[°K]$ (in einer Entfernung von ca. 70 $[mm]$ hinter dem Auslaßschlitz im Auslaßrohrstück l_{zao} gemessen) und die mittlere Kurbelkastentemperatur T_{k_m} $[°K]$ bei Vollast aufgetragen. Der durchfahrene Drehzahlbereich der Versuchsmaschine reichte von n = 1600 - 3000 $[min^{-1}]$. Auf das in Abbildung 6 miteingetragene Kennfeld der Maschine bei Anordnung des Auspuffrohres l_{za} = 765 $[mm]$ soll später eingegangen werden.

Der zeitliche Druckverlauf p_z im Zylinder und p_k im Kurbelkasten auf Abbildung 7 entstammen ebenfalls dem angeführten Forschungsbericht Nr. 588 Als Ergänzung der Untersuchungen an der "Ausgangsmaschinenanordnung" durch spätere Messungen wurden noch der zeitliche Druckverlauf p_s im Saugrohrstutzen l_{ek} = 191 $[mm]$ (s.Abb.4) in einer Entfernung von 84 $[mm]$ von der Zylinderwand und der zeitliche Druckverlauf p_1 im Auslaßrohrstück l_{za_0} = 100 $[mm]$ in einer Entfernung von 70 $[mm]$ von der Zylinderwand bei n = 2600 $[min^{-1}]$ in Abbildung 7 eingetragen und hier in zeitlich richtiger Zuordnung zu den oben beschriebenen Kurven untereinander gezeichnet. Die in Abbildung 7 aufgeführten Kurven des Druckverlaufes sind originaltreu aus den durch die piezoelektrische Druckmessung erhaltenen Oszillogrammen übertragen worden. Der durch die jeweilige statische Eichung der verwendeten Quarzgeber erhaltene Eichdruck wurde zusätzlich eingetragen.

Der zeitliche Druckverlauf p_1 im Auslaßrohrstück l_{za_0} beweist, daß tatsächlich im überwiegenden Teil der Spül- und Auslaßzeit hinter dem Auslaßschlitz der Atmosphärendruck als Gegendruck herrschte, daß also die nach Abbildung 5 gewählte Auspuffanordnung der "Ausgangsmaschine" dem Fall der Maschine mit direktem Auspuff ins Freie weitgehend gleichgesetzt werden darf.

Im genannten Forschungsbericht Nr. 588 war nach der Rechenmethode von P. HADLATSCH [4] eine Ladungswechsel-, Leistungs- und Verbrauchsrechnung für die Drehzahl n = 2646 $[min^{-1}]$ für den Fall der Maschine ohne Rohranordnung durchgeführt und die Rechenergebnisse mit den Meßergebnissen verglichen worden. Es konnte insbesondere der gemessene Druckverlauf im Zylinder und Kurbelkasten innerhalb der Spül- und Auslaßperiode durch die Rechnung gut wiedergegeben werden, während der Kurbelkastendruckverlauf innerhalb der Einlaßperiode vom errechneten Druckverlauf in dieser Zeitspanne stärker abwich. Eine Erklärung hierfür gibt nun der in Abbildung 7 enthaltene, gemessene Saugrohrdruckverlauf (die geringfügigen Unterschiede der verglichenen Drehzahlen können als unerheblich angesehen werden). Die vereinfachte Ladungswechselrechnung berücksichtigte eben nicht die dynamische Einwirkung des Saugrohrstutzens auf den Einlaßvorgang, insbesondere in der zweiten Hälfte der Einlaßperiode. Wie schon in Abschnitt 3 angeführt, war ja eine "Beschleunigungswirkung" der strömenden Gassäule im Saugrohrstutzen zu erwarten. An derselben Versuchsmaschine durchgeführte frühere Untersuchungen mit verschieden langen Saugrohren[4] bei sonst gleichen übrigen Betriebsbedingungen hatten ergeben, daß gerade die Saugrohrlänge l_{ek} = 191 [mm] nach Abbildung 4 für den mittleren und oberen Drehzahlbereich zu optimalen Leistungswerten führte. Dies war aber nur denkbar, wenn eine gewisse Aufladung des Kurbelkastens infolge der dynamischen Saugrohrwirkung auftrat. Der Druckverlauf p_s im Saugrohr während der Einlaßperiode auf Abbildung 7 weist auch das typische Bild des erwünschten Saugrohrdruckverlaufes auf. Dieser zeichnet sich durch einen in der zweiten Hälfte der Einlaßperiode vorhandenen "Druckberg" vor dem Einlaßschlitz aus.

In Abbildung 8 ist ein Vergleich des gemessenen und des nach der akustischen Methode der Wellenausbreitung errechneten Druckverlaufes im Saugrohr durchgeführt worden[5]. In der eigentlichen Rohrrechnung wurde die wirkliche Saugrohranordnung, die nach Abbildung 4 bzw. Abbildung 8 mit einer Anzahl kleinerer Querschnittssprünge behaftet war, durch eine schematische Saugrohranordnung bei etwa gleicher Länge und gemitteltem Querschnitt ersetzt. Nachfolgend sollen kurz die im wesentlichen von G. REYL [7] aufgestellten formelmäßigen Zusammenhänge aufgeführt werden, die zur schrittweisen Berechnung des resultierenden Saugrohrdruckes p_s, des Kurbelkastendruckes p_k, der Kurbelkastentemperatur T_k und des eingeströmten Luftgewichtes G_k führen. Hierbei muß von den allgemeinen Lösungen der sogenannten "Wellengleichungen" ausgegangen werden, die nach G. REYL in folgender Schreibweise angegeben wurden:

$$p = p_o + p_{zu} + p_{ab} \tag{1}$$

---

4. Diese Untersuchungen waren von K. SENTEK als Diplomarbeit am hiesigen Institut durchgeführt worden
5. Die Rechnung wurde von R. SCHAUMBURGER als Diplomarbeit durchgeführt

$$w = K \cdot p_{zu} - K \cdot p_{ab} \qquad (2)$$

w bedeutet hier die Strömungsgeschwindigkeit.

Die Richtung zum Kurbelkasten hin wurde hier als positiv festgesetzt, die zum Kurbelkasten vorlaufende Welle mit p_{zu}, die vom Kurbelkasten rücklaufende Welle mit p_{ab} bezeichnet. Aus Gleichungen (1) und (2) folgt mit p_B als dem sogenannten "Brandungsdruck"

$$p = 1 + 2 \cdot p_{zu} - \frac{w}{K} = p_B - \frac{w}{K} \qquad (3)$$

Für einen bestimmten Rohrquerschnitt ⓔ (kurz vor dem Einlaßschlitz) folgt aus Gleichung (3)

$$p_e = p_{Be} - \frac{w_e}{K_e} \qquad (4)$$

wobei

$$\frac{1}{K_e} = \varkappa \cdot p_o \cdot \left(\frac{p_e}{p_o}\right)^{\frac{\varkappa+1}{2\varkappa}} \cdot \frac{1}{a_{oe}} \qquad (5)$$

ist. Bild 1 zeigt im Schema die "Druckänderungsanteile" beim unterkritischen Einströmen in den Kurbelkasten in der von G. REYL eingeführten Darstellungsart.

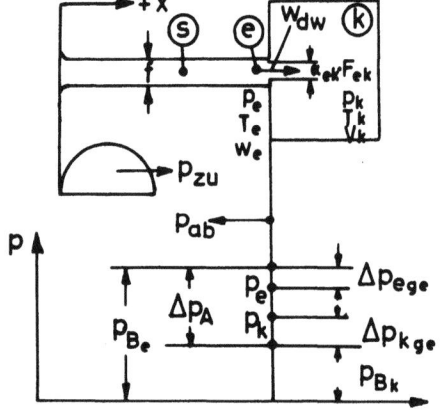

Es bedeuten:

ⓢ sei Druckmeßstelle im Saugrohr nach Abbildung 8,

ⓔ sei Rohrquerschnitt unmittelbar vor dem Einlaßschlitz

B i l d   1

Schema der "Druckänderungsanteile" beim unterkritischen Einströmen in den Kurbelkasten

In Gleichung (5) bedeutet a_{oe} die Schallgeschwindigkeit, die sich bei adiabatischer Zustandsänderung vom Druck p_e auf p_o ergeben würde. Ferner erhält man aus der Kontinuitätsgleichung

$$w_e = w_{d_{ers}} \frac{\alpha_{ek} \cdot F_{ek}}{f} \left(\frac{p_k}{p_e}\right)^{\frac{1}{\varkappa}} \qquad (6)$$

Hierbei ist $w_{d_{ers}}$ die zu gleichem Druckgefälle $p_e - p_k$ gehörende Ersatzgeschwindigkeit im Einlaßschlitz nach der bekannten Beziehung von H. LIST [8]

$$w_{d_{ers}}^2 = w_{d_w}^2 - w_e^2 = 2g \cdot R \cdot T_e \cdot p_e^{\frac{1-2\varkappa}{2\varkappa}} \cdot p_k^{-\frac{1}{2\varkappa}} (p_e - p_k) \qquad (7)$$

mit w_{d_w} als der wirklichen Geschwindigkeit im Einlaßschlitz und p_e als der Strömungsgeschwindigkeit vor dem Einlaßschlitz im Saugrohr. Wird Gleichung (5) mit Gleichung (6) in Gleichung (4) gesetzt, so ergibt sich

$$p_e = p_{Be} - \varkappa \cdot p_o \cdot \frac{\alpha_{ek} \cdot F_{ek}}{f} \cdot \left(\frac{p_e}{p_o}\right)^{\frac{\varkappa-1}{2\varkappa}} \left(\frac{p_k}{p_o}\right)^{\frac{1}{\varkappa}} \frac{w_{d_{ers}}}{a_{oe}} = p_{Be} - L_e \cdot \frac{w_{d_{ers}}}{a_{oe}} = p_{Be} - \Delta p_{ege} \qquad (8)$$

mit

$$L_e = \varkappa \cdot p_o \frac{\alpha_{ek} \cdot F_{ek}}{f} \left(\frac{p_e}{p_o}\right)^{\frac{\varkappa-1}{2\varkappa}} \left(\frac{p_k}{p_o}\right)^{\frac{1}{\varkappa}} \qquad (9)$$

als dem "leitungsseitigen Gefällsminderungsfaktor" und Δp_{ege} als der "leitungsseitigen Gefällsminderung". Die nur infolge des Einströmens in den Kurbelkasten bedingte kurbelkastenseitige Druckänderung Δp_{kge} (s.Bild 1) ergibt sich aus der Adiabatenbeziehung

$$\Delta p_{kge} = \varkappa \cdot p_k \cdot \frac{\Delta V_{ek}^{(k)}}{V_k} \qquad (10)$$

$\Delta V_{ek}^{(k)}$ ist das in den Kurbelkasten eingeströmte Luftvolumen vom Kurbelkastenzustand. Das je halbes Zeitintervall $\Delta t/2$ in den Kurbelkasten eingeströmte Luftgewicht ergibt sich aus der Beziehung:

$$\Delta G_{ek} = \gamma_{ek} \cdot \alpha_{ek} \cdot \frac{\Delta t}{2} w_{d_{ers}}$$

Weiter gilt für

$$\gamma_{ek} = \gamma_{oe} \cdot \left(\frac{p_k}{p_e}\right)^{\frac{1}{\varkappa}} = \gamma_o \frac{1}{\tau_{oe}} \left(\frac{p_k}{p_o}\right)^{\frac{1}{\varkappa}} = \gamma_o \frac{T_o}{T_{oe}} \cdot \left(\frac{p_k}{p_o}\right)^{\frac{1}{\varkappa}} \qquad ,$$

wenn man die Drosselströmung im Einlaßschlitz unter den vereinfachenden Annahmen behandelt, die von G. REYL [7] aufgestellt wurden. $\tau_{oe} = \frac{T_{oe}}{T_o}$ sei hier die auf p_o bezogene Erwärmungszahl, die die Aufheizung der Luft im Kurbelkasten infolge der Kurbelkastenwandtemperatur berücksichtigen soll. Dann ist

$$\Delta G_{ek} = \gamma_o \cdot \frac{1}{\tau_{oe}} \cdot \left(\frac{p_k}{p_o}\right)^{\frac{1}{\varkappa}} \cdot \alpha_{ek} \cdot F_{ek} \cdot \frac{\Delta t}{2} \cdot W_{d_{ers}} = \frac{p_o}{R \cdot T_o} \cdot \frac{1}{\tau_{oe}} \left(\frac{p_k}{p_o}\right)^{\frac{1}{\varkappa}} \cdot \alpha_{ek} \cdot F_{ek} \frac{\Delta t}{2} \cdot W_{d_{ers}} \quad (11)$$

und das eingeströmte Luftvolumen vom Kurbelkastenzustand:

$$\Delta V_{ek}^{(k)} = \Delta G_{ek} \cdot \frac{R \cdot T_k}{p_k} = \frac{T_k}{T_o} \cdot \frac{1}{\tau_{oe}} \left(\frac{p_k}{p_o}\right)^{\frac{1}{\varkappa}} \cdot \alpha_{ek} \cdot F_{ek} \cdot \frac{p_o}{p_k} \cdot \frac{\Delta t}{2} W_{d_{ers}} \quad (12)$$

Setzt man Gleichung (12) in Gleichung (10) ein, so erhält man

$$\Delta p_{k_{ge}} = \frac{\varkappa}{V_k} \cdot \frac{T_k}{T_o} \cdot \frac{1}{\tau_{oe}} \cdot \left(\frac{p_k}{p_o}\right)^{\frac{1}{\varkappa}} \cdot p_o \cdot \alpha_{ek} \cdot F_{ek} \frac{\Delta t}{2} \cdot W_{d_{ers}} \quad \text{oder mit} \quad \frac{1}{\tau_{oe}} = \frac{T_o}{T_{oe}}$$

und $\quad \dfrac{1}{\tau_{oe}} = \dfrac{1}{T_e} \left(\dfrac{p_e}{p_o}\right)^{\frac{\varkappa-1}{\varkappa}}$

$$\Delta p_{k_{ge}} = \frac{\varkappa}{V_k} \frac{T_k}{T_e} \left(\frac{p_k}{p_o}\right)^{\frac{1}{\varkappa}} \left(\frac{p_e}{p_o}\right)^{\frac{\varkappa-1}{\varkappa}} \cdot p_o \cdot \alpha_{ek} \cdot F_{ek} \cdot \frac{\Delta t}{2} \cdot W_{d_{ers}} \quad (13)$$

Mit $\tau_e = \dfrac{T_k}{T_e}$ als dem Erwärmungsfaktor, $\dfrac{\Delta t}{2} = \dfrac{\Delta \varphi}{12n}$, $n = \dfrac{30 \cdot W_\ell \cdot f}{V_H}$ und $Z_k = \dfrac{V_k}{V_H}$ erhält man schließlich aus Gleichung (13) die kurbelkastenseitige Druckänderung in der Form

$$\Delta p_{k_{ge}} = \varkappa \cdot p_o \frac{\Delta \varphi}{360} \cdot \frac{\tau_e}{Z_k} \cdot \frac{\alpha_{ek} \cdot F_{ek}}{f} \cdot \frac{a_{oe}}{W_\ell} \cdot \left(\frac{p_k}{p_o}\right)^{\frac{1}{\varkappa}} \cdot \left(\frac{p_e}{p_o}\right)^{\frac{\varkappa-1}{\varkappa}} \cdot \frac{W_{d_{ers}}}{a_{oe}} = B_e \cdot \frac{W_{d_{ers}}}{a_{oe}} \quad (14)$$

mit

$$B_e = \varkappa \cdot p_o \frac{\Delta \varphi}{360} \cdot \frac{\tau_e}{Z_k} \cdot \frac{\alpha_{ek} F_{ek}}{f} \cdot \frac{a_{oe}}{W_\ell} \cdot \left(\frac{p_k}{p_o}\right)^{\frac{1}{\varkappa}} \left(\frac{p_e}{p_o}\right)^{\frac{\varkappa-1}{\varkappa}} \quad (15)$$

als dem "behälterseitigen Gefällsminderungsfaktor". Die gesamte "Gefällsminderung" (s.Bild 1) Δp_g beträgt dann

$$\Delta p_g = \Delta p_{\ell_{ge}} + \Delta p_{k_{ge}} = (L_e + B_e) \cdot \frac{W_{d_{ers}}}{a_{oe}} = G_e \cdot \frac{W_{d_{ers}}}{a_{oe}} \quad (16a)$$

oder

$$\Delta p_g = \left(1 + \frac{B_e}{L_e}\right) \cdot L_e \cdot \frac{W_{d_{ers}}}{a_{oe}} = (1 + b_e) \cdot \Delta p_{\ell_{ge}} \quad (16b)$$

mit

$$b_e = \frac{B_e}{L_e} = \frac{\Delta \varphi}{360} \cdot \frac{\tau_e}{Z_k} \cdot \frac{a_{oe}}{W_\ell} \cdot \left(\frac{p_e}{p_o}\right)^{\frac{\varkappa-1}{2\varkappa}} \quad (17a)$$

Berücksichtigt man weiter die Definitionsgleichung für τ_e in der Form

$\tau_e \cdot a_{oe} = \dfrac{a_o}{\sqrt{\tau_{oe}}} \cdot \dfrac{T_k}{T_o} \cdot \dfrac{1}{(p_e/p_o)^{\frac{\varkappa-1}{\varkappa}}}$ und setzt für $\tau_{oe} \cong 1$ für eine erste Rechnung, da τ_{oe} nur durch das Experiment bestimmt werden kann, so erhält man die vereinfachte Beziehung für b_e zu

$$b_e = \frac{\Delta\varphi}{360} \cdot \frac{a_o}{Z_k \cdot w_\ell} \cdot \frac{T_k}{T_o} \cdot \left(\frac{p_e}{p_o}\right)^{-\frac{\varkappa-1}{2\varkappa}} . \tag{17b}$$

Hierin müssen T_k und p_e in jedem Rechenintervall vorausgeschätzt werden. Für die einzelnen Druckänderungsanteile $\Delta p_{\ell_{ge}}$ und $\Delta p_{k_{ge}}$ erhält man dann leicht aus Gleichung (16b)

$$\Delta p_{\ell_{ge}} = \Delta p_g \cdot \frac{1}{1+b_e} \qquad \Delta p_{k_{ge}} = \Delta p_g \cdot \frac{b_e}{1+b_e}$$

oder, wenn man diese Ausdrücke mit p_o dimensionslos macht

$$\Delta \gamma_{\ell_{ge}} = \Delta \gamma_g \frac{1}{1+b_e} \tag{18}$$

$$\Delta \gamma_{k_{ge}} = \Delta \gamma_g \frac{b_e}{1+b_e} \tag{19}$$

$\Delta \gamma_g$ läßt sich leicht aus einer von G. REYL [7] aufgestellten Kurvendarstellung abgreifen, wenn man den Parameter q_e^* der einzelnen Kurven und die Abszisse $\Delta \gamma_A$ durch Schätzung weiß. Die Gleichung der betreffenden Kurven ist eine Form der Durchflußgleichung durch Drosseln und lautet:

$$\frac{K}{2 \cdot q_e^*} \cdot \Delta \gamma_g^2 = \Delta \gamma_A - \Delta \gamma_g . \tag{20}$$

Zur Bestimmung des Parameters q_e^* muß man auf Gleichung (16a) zurückgreifen, die in dimensionsloser Form

$$\Delta \gamma_g = \frac{G_e}{p_o} \cdot \frac{w_{ders}}{a_{oe}} = q_e \cdot \frac{w_{ders}}{a_{oe}} \tag{21}$$

lautet. Führt man $\left(\frac{w_{ders}}{a_{oe}}\right)^* = \left(\frac{w_{ders}}{a_{oe}}\right) \cdot \gamma_k^{\frac{1}{4\varkappa}} \cdot \gamma_e^{\frac{1}{4\varkappa}}$ in Gleichung (21) ein, so ergibt sich die Identität
$$\Delta \gamma_g = q_e \cdot \frac{w_{ders}}{a_{oe}} = q_e^* \cdot \left(\frac{w_{ders}}{a_{oe}}\right)^*$$
und hieraus mit Hilfe von Gleichung (9) und Gleichung (15) eine Gleichung für q_e^* zu

$$q_e^* = \frac{q_e}{\gamma_e^{\frac{1}{4\varkappa}} \cdot \gamma_k^{\frac{1}{4\varkappa}}} = \frac{1}{p_o} \cdot \frac{L_e + B_e}{\gamma_e^{\frac{1}{4\varkappa}} \cdot \gamma_k^{\frac{1}{4\varkappa}}} = \varkappa \cdot \frac{\alpha_{ek} \cdot F_{ek}}{f} \cdot \gamma_k^{\frac{3}{4\varkappa}} (1-b_e) . \tag{22}$$

Seite 19

Das "aufgeprägte Druckgefälle" $\Delta\varrho_A$ (s.Abb.1) ist

$$\Delta\varrho_A = \varrho_{Be} - \left(\varrho_k \pm \varkappa \cdot \varrho_k \cdot \frac{\Delta Z_k}{2 Z_k}\right) \tag{23}$$

Hierin berücksichtigt der Summand $\pm\varkappa\cdot\varrho_k\cdot\frac{\Delta Z_k}{2Z_k}$ den Einfluß der Kolbenbewegung auf die Druckänderung im Kurbelkasten während eines halben Zeitintervalles, wobei die Vorzeichen $\pm$ die Richtung der Kolbenbewegung angeben.

Die <u>praktische Durchführung</u> der schrittweisen Berechnung des Kurbelkasten- und des Saugrohrdruckes geht nun so vor sich, daß man für die mit dem Indizes m bezeichnete Intervallmitte den Wert ϱ_{em} und ϱ_{km} vorausschätzt. Dann erhält man mit Gleichung (17) und Gleichung (22) einen Wert von q^*_{em}. Durch Gleichung (23) erhält man bei bekanntem ϱ_k' (Wert am Anfang des Intervalles) und ϱ_{Be_m} (ist aus vorhergehendem Rechenschritt bekannt) einen Wert von $\Delta\varrho_{Am}$. Durch die graphische Lösung von Gleichung (20) ergibt sich nun ein Wert von $\Delta\varrho_{gm}$ und im Anschluß hieran mit Gleichung (18) und Gleichung (19) mittlere Werte von $\Delta\varrho_{\ell ge}$ und $\Delta\varrho_{kge}$. Die entsprechenden dimensionsbehafteten Werte erhält man durch Multiplikation mit p_o. Die so in erster Näherung erhaltenen Werte von $\Delta p_{\ell ge}$ und Δp_{kge} müssen nun den beiden Gleichungen für den Kurbelkastendruck in Intervallmitte

$$p_{km} = p_k' \mp \varkappa\, p_{km} \frac{\Delta Z_k}{\Delta Z_{km}} \mp \Delta p_{kge_m} \tag{24}$$

und für den Saugrohrdruck p_{e_m} in Intervallmitte

$$p_{e_m} = p_{Be_m} - \Delta p_{\ell ge_m} \tag{25}$$

genügen, andernfalls eine neue Schätzung vorgenommen werden muß. Der Kurbelkastendruck p_k'' am Ende des Rechenintervalles $\Delta\varphi$ wird dann näherungsweise durch geradliniges Verlängern über p_{k_m} hinaus erhalten. Die ins Saugrohr zurücklaufende Druckwelle ist

$$p_{ab_m} = p_{zu_m} - \Delta p_{\ell ge_m} \quad . \tag{26}$$

Diese Welle reflektiert an der Mündung des Saugrohres umgekehrt und läuft wieder in Richtung des Einlaßschlitzes, wo sie den fiktiven Brandungsdruck p_{Be} ergibt.

Das in den Kurbelkasten eingeströmte Luftgewicht während eines halben Zeitintervalles $\frac{\Delta\varphi}{2}$ ergibt sich aus Gleichung (11) zu

$$\Delta G_{e_{k_m}} = \frac{p_o}{R \cdot T_o} \cdot \frac{V_H}{\tau_{oe}} \cdot \frac{a_o}{w_\ell} \cdot \frac{\alpha_{ek} \cdot F_{ek}}{f} \cdot \frac{\Delta\varphi}{360} \cdot \frac{w_{d_{ers}}}{a_{oe}} \cdot \left(\frac{p_{km}}{p_o}\right)^{\frac{1}{\varkappa}} \quad . \tag{27}$$

Mit Gleichung (8) und Gleichung (18) erhält man für

$$\frac{w_{d_{ers}}}{a_{oe}} = \frac{1}{L_e} \cdot \Delta p_{\ell_{gem}} = \frac{1}{\varkappa \cdot p_o} \cdot \frac{f}{\alpha_{ek} \cdot F_{ek}} \cdot \left(\frac{p_o}{p_{km}}\right)^{\frac{1}{\varkappa}} \left(\frac{p_o}{p_{\ell m}}\right)^{\frac{\varkappa-1}{2\varkappa}} \cdot \Delta p_{\ell_{gem}}$$

und damit anstelle von Gleichung (27) bei Berücksichtigung von $a_{oe} = a_o \sqrt{\tau_{oe}}$

$$\Delta G_{e_{km}} = \frac{g \cdot V_H}{a_o \cdot \sqrt{\tau_{oe}} \cdot w_\ell} \cdot \Delta p_{\ell_{gem}} \cdot \left(\frac{p_{\ell m}}{p_o}\right)^{-\frac{\varkappa-1}{2\varkappa}} \cdot \frac{\Delta\varphi}{360} \quad . \tag{28}$$

Das gesamte, in Intervallmitte im Kurbelkasten befindliche Luftgewicht ist dann

$$G_{k_m} = G_k' - \Delta G_{e_{km}} \quad [\text{kg}] \quad . \tag{29}$$

Die Temperatur der Luft im Kurbelkasten in Intervallmitte wird mit der Zustandsgleichung

$$T_{k_m} = \frac{V_H}{R} \cdot \frac{p_{km} \cdot Z_{km}}{G_{km}} \quad [°C] \tag{30}$$

errechnet.

Für unterkritisches <u>Rückströmen</u> aus dem Kurbelkasten in das Saugrohr gelten infolge der nun umgekehrten Strömungsrichtung etwas andere Beziehungen als beim unterkritischen Einströmen. Sie sollen hier nur angeführt, aber nicht abgeleitet werden. Mit $w_k = 0$ erhält man statt Gleichung (7) für die Ersatzgeschwindigkeit im Einlaßschlitz

$$w_{d_{ers}}^2 = w_{d_w}^2 = 2 g R T_k p_k^{\frac{1-2\varkappa}{2\varkappa}} \cdot p_e (p_k - p_e) \quad . \tag{31}$$

Die Strömungsgeschwindigkeit w_e im Saugrohrquerschnitt e ist nach der Kontinuitätsbeziehung

$$w_e = w_{d_{ers}} \frac{\alpha_{ek} \cdot F_{ek}}{f} \tag{32}$$

wenn die Durchflußzahlen α_{ek} des Einlaßschlitzes in beiden Strömungsrichtungen gleichgesetzt werden dürfen. Statt Gleichung (8) erhält man für den Druck im Saugrohr vor dem Einlaßschlitz

$$p_e = p_{B_e} + \varkappa \cdot p_o \cdot \frac{\alpha_{ek} \cdot F_{ek}}{f} \cdot \left(\frac{p_k}{p_o}\right)^{\frac{\varkappa-1}{2\varkappa}} \cdot \left(\frac{p_e}{p_o}\right)^{\frac{1}{\varkappa}} \cdot \frac{w_{d_{ers}}}{a_{ok}} = p_{B_e} - L_e \frac{w_{d_{ers}}}{a_{ok}} = p_{B_e} + \Delta p_{\ell_{ge}} \quad (33)$$

mit $a_{ok} = a_{oe} \cdot \left(\frac{p_e}{p_k}\right)^{\frac{\varkappa-1}{2\varkappa}}$. Der "leitungsseitige Gefällsminderungsfaktor" ist dann

$$L_e = \varkappa \cdot p_o \frac{\alpha_{ek} \cdot F_{ek}}{f} \cdot \left(\frac{p_k}{p_o}\right)^{\frac{\varkappa-1}{2\varkappa}} \cdot \left(\frac{p_e}{p_o}\right)^{\frac{1}{\varkappa}} \quad . \quad (34)$$

Weiterhin folgt für die kurbelkastenseitige Druckänderung $\Delta p_{k_{ge}}$

$$\Delta p_{k_{ge}} = \varkappa \cdot p_o \cdot \frac{\Delta \varphi}{360} \cdot \frac{1}{Z_k} \cdot \frac{\alpha_{ek} \cdot F_{ek}}{f} \cdot \frac{a_{ok}}{w_\ell} \cdot \left(\frac{p_k}{p_o}\right)^{\frac{\varkappa-1}{2\varkappa}} \cdot \left(\frac{p_e}{p_o}\right)^{\frac{1}{\varkappa}} \frac{w_{d_{ers}}}{a_{ok}} = B_e \cdot \frac{w_{d_{ers}}}{a_{ok}} \quad (35)$$

mit

$$B_e = \varkappa \cdot p_o \cdot \frac{\Delta \varphi}{360} \cdot \frac{1}{Z_k} \cdot \frac{\alpha_{ek} \cdot F_{ek}}{f} \cdot \frac{a_{ok}}{w_\ell} \cdot \left(\frac{p_k}{p_o}\right)^{\frac{\varkappa-1}{2\varkappa}} \cdot \left(\frac{p_e}{p_o}\right)^{\frac{1}{\varkappa}} \quad (36)$$

als dem "behälterseitigen Gefällsminderungsfaktor". Der Wert für a_{ok} läßt sich auch auf die folgende Beziehung

$$a_{ok} = a_k \cdot \left(\frac{p_o}{p_k}\right)^{\frac{\varkappa-1}{2\varkappa}} = \sqrt{g \cdot R \cdot T_k \cdot \varkappa} \left(\frac{p_o}{p_k}\right)^{\frac{\varkappa-1}{2\varkappa}} \quad (37)$$

ermitteln. Die "gesamte Gefällsminderung" beträgt analog Gleichung (16a) wieder

$$\Delta p_g = \Delta p_{\ell_{ge}} - \Delta p_{k_{ge}} = (L_e - B_e) \cdot \frac{w_{d_{ers}}}{a_{ok}} = G_e \cdot \frac{w_{d_{ers}}}{a_{ok}} \quad (38a)$$

bzw.

$$\Delta p_g = (1 - b_e) \cdot \Delta p_{\ell_{ge}} \quad (38b)$$

mit

$$b_e = \frac{\Delta \varphi}{360} \cdot \frac{1}{Z_k} \cdot \frac{a_{ok}}{w_\ell} \cdot \left(\frac{p_k}{p_o}\right)^{\frac{\varkappa-1}{2\varkappa}} = \frac{\Delta \varphi}{360} \cdot \frac{1}{Z_k} \cdot \frac{\sqrt{g \cdot \varkappa \cdot R \cdot T_k}}{w_\ell} \quad . \quad (39)$$

Für die Berechnung von $\Delta \wp_{\ell_{ge}}$ und $\Delta \wp_{k_{ge}}$ gelten dann wieder die Gleichung (18) und Gleichung (19). Zur Bestimmung $\Delta \wp_g$ über $\Delta \wp_A$ und $\wp_e^*$ wurde wieder die graphische Darstellung von G. REYL zu Hilfe genommen. Nach Gleichung (22) berechnet sich $\wp^*$ zu

$$\wp_e^* = \varkappa \cdot \frac{\alpha_{ek} \cdot F_{ek}}{f} \cdot \wp_e^{\frac{3}{4\varkappa}} (1 - b_e) \quad (40)$$

und das "aufgeprägte Druckgefälle" $\Delta \gamma_A$ ist - statt Gleichung (23) -

$$\Delta \gamma_A = \gamma_k \mp \varkappa \cdot \gamma_k \cdot \frac{\Delta Z_k}{2 Z_k} - \gamma_{Be} \qquad (41)$$

Für den Kurbelkasten- und Saugrohrdruck in Intervallmitte erhält man

$$p_{k_m} = p_k' \mp \varkappa \cdot p_{k_m} \frac{\Delta Z_k}{2 Z_k} - \Delta p_{k_{gem}} \qquad (42)$$

$$p_{e_m} = p_{Be_m} + \Delta p_{\ell_{gem}} \qquad (43)$$

Die ablaufende Druckwelle ist

$$p_{ab_m} = p_{zu_m} - \Delta p_{\ell_{gem}} \qquad (44)$$

Schließlich ist das den Kurbelkasten unterkritisch während eines halben Zeitintervalles verlassene Luftgewicht

$$\Delta G_{ke_m} = \frac{g \cdot V_H}{a_o \sqrt{T_{oe}} \cdot W_\ell} \cdot \Delta p_{\ell_{gem}} \cdot \left(\frac{p_{k_m}}{p_o}\right)^{-\frac{\varkappa-1}{2\varkappa}} \frac{\Delta \varphi}{360} \qquad (45)$$

mit $a_o \cdot \sqrt{T_{ok}} = a_{ok} = \sqrt{g \cdot \varkappa \cdot R \cdot T_k} \left(\frac{p_o}{p_k}\right)^{\frac{\varkappa-1}{2\varkappa}}$ nach Gleichung (37). Dann gilt anstelle von Gleichung (29)

$$G_{k_m} = G_k' - \Delta G_{ke_m} \quad [kg] \qquad (46)$$

und für die Bestimmung von T_{k_m} wieder Gleichung (30).

Die Berechnung des Druckverlaufes p_s an irgendeiner Stelle des Saugrohres (in Abb.8 im Querschnitt der vorgenommenen Druckmessung) kann in einem "Wellenplan" als Überlagerung der sich kreuzenden Wellen nach Gleichung (1) durchgeführt werden. Der an den Einlaßvorgang sich anschliessende Überströmvorgang vom Kurbelkasten in den Zylinder und der gleichzeitig ablaufende Auslaßvorgang vom Zylinder nach außen wurde nach der Ladungswechselrechenmethode von P. HADLATSCH [4] durchgeführt. Auf die Wiedergabe dieser Rechenergebnisse sowohl als auch die Wiedergabe des Verlaufes von p_k, T_k und G_k über φ [°KW] während des Einlaßvorganges wurde in der vorliegenden Arbeit verzichtet. Der nach den vorangegangenen Überlegungen nachgerechnete Saugrohrdruckverlauf p_s wurde auf Abbildung 8 zum Vergleich mit dem gemessenen Saugrohrdruckverlauf p_s eingezeichnet. Er stellt schon den sogenannten "eingeschwungenen Zustand", also das Rechenergebnis nach mehreren Motorumdrehungen dar. Für die Rechnung waren folgende mittlere Durchflußzahlen der einzelnen Steuerschlitze angenommen worden. Auf die Berechtigung der Annahme mittlerer Durchflußzahlen war bereits im Forschungsbericht Nr. 588 hingewiesen worden.

$$\alpha_{ek_m} = 0{,}65 \qquad \alpha_{kz_m} = 0{,}65 \qquad \alpha_{za_m} = 0{,}56$$

Man erkennt aus Abbildung 8, daß die Übereinstimmung des gemessenen und für $n = 2600\ [\text{min}^{-1}]$ gerechneten Saugrohrdruckverlaufes p_s recht gut ist.

4.3 Meßergebnisse an der Maschine mit angeflanschten einfachen Auspuffrohren bei offenem Rohrende

Die betreffenden Meßergebnisse wurden bereits im Forschungsbericht Nr. 588 veröffentlicht und dort ausführlich besprochen. In der vorliegenden Arbeit wurden sie zum späteren Vergleich mit den Meßergebnissen dieser Arbeit wiederholt.

Die "Maschinenanordnung mit einfachen Auspuffrohren bei offenem Rohrende" zeigt Abbildung 3b, während die Meßergebnisse an dieser Maschinenanordnung in Abbildung 11a wiederholt wurden. Hierbei waren also über der Auspuffrohrlänge l_{za} [mm] die Kennfeldgrößen der Versuchsmaschine als Linien konstanter Drehzahlen aufgetragen worden. Der Verlauf der Leistungsmaxima wurde durch eine stark ausgezogene, strichpunktierte Kurve beschrieben. Die Projektion dieser Kurve auf die Abszisse l_{za} legte die zur optimalen Leistungssteigerung erforderlichen "abgestimmten" Auspuffrohrlängen $l_{za}*$ fest. So konnte z.B. die Auspuffrohrlänge $l_{za} = 765$ [mm] auf den Ladungswechsel der Versuchsmaschine bei $n = 2600\ [\text{min}^{-1}]$ als "abgestimmt" gelten. Das Kennfeld der Maschine mit dieser Auspuffrohrlänge ist auf Abbildung 6 ersichtlich, wo gleichzeitig ein Vergleich mit dem Kennfeld der "Ausgangsmaschinenanordnung" durchgeführt wurde. Man sieht, daß die leistungssteigernde Wirkung dieses Auspuffrohres noch über einen weiten Drehzahlbereich wirksam war. Abbildung 9 wiederholt das aus dem Forschungsbericht Nr. 588 entnommene Ergebnis der oszillographischen Druckmessung bei $n = 2600\ [\text{min}^{-1}]$ und Vollast bei Anordnung der "abgestimmten" Auspuffrohrlänge $l_{za}* = 765$ [mm]. Es war im Forschungsbericht Nr. 588 bereits festgestellt worden, daß der in Abbildung 9 vermerkte Druckverlauf im Auspuffrohr (70 [mm] hinter dem Auslaßschlitz gemessen) etwa die erwünschte Form zur Erzielung von optimalen Leistungssteigerungen hat. Nach einer Formulierung von H. LIST [8] soll nämlich die Periode der Eigenschwingung der Gassäule im Auspuffrohr etwa in der

Größenordnung der Öffnungszeit der Auslaßperiode liegen, was für den Druckverlauf in Abbildung 9 zutrifft. Nach dem Forschungsbericht Nr. 588 erhält man durch überschlägige Betrachtungen für die angenäherte Bestimmung der "abgestimmten" Auspuffrohrlängen die Beziehung:

$$l^*_{za} = \frac{2\varphi_{za}}{36} \cdot a_m \frac{1}{n} \quad [m] \quad . \tag{46}$$

4.4 Der Einfluß einfacher Auspuffrohre mit Blenden am Rohrende auf die Kennfeldgrößen der Versuchsmaschine bei Vollast

Für die Versuchsdurchführung waren drei in Abbildung 11a eingetragene Auspuffrohrlängen $l_{za} = 565$ [mm], $l_{za} = 665$ [mm] und $l_{za} = 765$ [mm] ausgewählt worden. An diese Auspuffrohre wurden am Endquerschnitt je drei Auslaufblenden vom Öffnungsverhältnis $m = 0,35$, $m = 0,50$ und $m = 0,65$ befestigt. Abbildung 10a bis 10f enthält noch einmal diese Auspuffanordnungen gesondert dargestellt.

Der Verlauf der Kennfeldgrößen in Abhängigkeit vom Öffnungsverhältnis m bei den drei angeführten Rohrlängen ist in den Abbildungen 11b, 11c und 11d wiedergegeben. Man erkennt aus diesen Abbildungen, daß im Bereich höherer Drehzahlen ein sehr schnelles Absinken der Maschinenleistung mit kleiner werdender Auslaufblende stattfindet. Die Auswirkungen der Auslaufblenden auf den Ladungswechsel der Maschine wurden hier rapide ungünstig. Bei kleineren Drehzahlen - etwa um $n = 1800$ [min^{-1}] - trat relativ zur Auspuffanordnung gleiche Rohrlänge mit offenem Rohrende - eine Leistungssteigerung bei ungefähr $m = 0,70$ ein[6]. Die Absolutwerte der gemessenen Leistungen hängen von der vorgeschalteten Auspuffrohrlänge ab. Der Luftaufwand L und der Brennstoffverbrauch B_e verlaufen etwa gleichsinnig wie die Leistungskurven, während die Kurven der mittleren Abgastemperatur $T_{ab_{gm}}$ mit wachsendem Blendenöffnungsverhältnis stark ansteigen.

Wenn man sich das von A. PISCHINGER [1] aufgestellte Rückwurfgesetz für Drosselblenden vergegenwärtigt, wonach sich mit kleiner werdender Drosselfläche der negative Rückwurf des Vorauslaßdruckstoßes an der Auslaufblende zunächst verringert, Null wird und schließlich in positiven Rück-

---

6. Über die Auflaufung einer Einzylinder-Zweitakt-Dieselmaschine durch Blenden am Auspuffrohrende wurde von M. LEIKER auf einem Vortrag über "Die Auspuffanlage des Zweitaktmotors" berichtet, gehalten am 18. Oktober 1951 auf der Tagung "75 Jahre Otto-Motor"

wurf übergeht, so ist anzunehmen, daß gerade bei kleinen Drehzahlen ein solch positiver Rückwurf gegen Ende der Auslaßperiode am Auslaßschlitz anbrandete und daß in der Mitte der Spülperiode kein hinderlicher Gegendruck im Auslaßrohr vorhanden war, der dem Abströmen der verbrannten Gase aus dem Zylinder im Wege stand[7]. Grundsätzlich ist also eine gewisse Auflading des Zylinders mittels Blenden am Ende einer Auspuffrohrleitung möglich. Die Auffindung der richtigen Abmessungen eines solchen Auspuffleitungssystemes ist nur durch wechselweises Versuchen und entsprechende Rohrrechnungen (z.B. nach den auf akustischen Voraussetzungen beruhenden Methoden von G. REYL [7]) möglich.

4.5 Der Einfluß von kombiniert angeordneten Auspuffrohren und Diffusoren am Auspuff bei offenem Diffusorende auf die Kennfeldgrößen der Versuchsmaschine bei Vollast

Im Forschungsbericht Nr. 165 [10] waren zwei Kennfelddarstellungen einer kurbelkastengespülten Zweitakt-Vergasermaschine der Firma Fichtel & Sachs vom Typ Stamo 13 mit Diffusoranordnungen am Auspuff veröffentlicht worden. Die Auspuffdiffusoren waren hier direkt am Auslaßschlitzkanal angeflanscht und hatten etwa die gleiche Länge von l_{Diff} = 1840 [mm]. Sie unterschieden sich nur in ihrem Öffnungswinkel, der 5° bzw. 10° betrug. Diese Variation des Öffnungswinkels machte sich aber nur wenig im Kennfeldgrößenverlauf bemerkbar. Mit beiden Diffusoranordnungen wurden hier nur bei niedrigen Drehzahlen (von n = 1300 ÷ 1700 [min^{-1}]), also in einem engen Drehzahlbereich Leistungssteigerungen erzielt, die hier immerhin ca. 12 [%] gegenüber der "Ausgangsmaschinenanordnung" betrugen. Direkt hinter dem Auslaßschlitz wurde bei n = 1870 [min^{-1}] und Maschinenvollast eine oszillographische Druckaufnahme durchgeführt[8].

Eine systematische Reihe von Kennfeldaufnahmen wurde mit der Maschinenanordnung der Abbildung 3d und den in den Abbildungen 12a bis 12f im einzelnen aufgeführten Auspuffanlagen "zylindrisches Rohr-Diffusor" durchgeführt. Unverändert blieben hierbei der Durchmesser der vorgeschalteten zylindrischen Rohre zu d_{za} = 36∅ [mm] und der Öffnungswinkel der nachge-

---

7. Leider konnten z.Z. dieser Untersuchungen keine Druckaufnahmen an den Auspuffleitungssystemen mit Auslaufblenden durchgeführt werden

8. Die Druckaufnahme bei n = 1870 [min^{-1}] lag gerade in einem Bereich, in dem die Maschine keine Leistungssteigerung gegenüber der "Ausgangsmaschinenanordnung" aufwies, so daß der Verlauf dieses zeitlichen Druckes nicht typisch für eine aufladende Diffusorwirkung war

schalteten Diffusoren zu 5°. Die variablen Größen der Auspuffanlagen waren demnach die Länge des vorgeschalteten zylindrischen Rohres l_{za} und die Länge des nachfolgenden Diffusors l_{Diff}. In den Abbildungen 13a und 13b wurde ein Vergleich des "Ausgangsmaschinenkennfeldes" mit den Kennfeldern zweier "Rohr-Diffusoranordnungen", l_{za} = 365 [mm], l_{Diff} = 900 [mm] und l_{za} = 765 [mm], l_{Diff} = 300 [mm] durchgeführt. Die Auspuffanordnung l_{za} = 365 [mm], l_{Diff} = 900 [mm] bewirkte im mittleren und oberen Drehzahlbereich erhebliche Leistungssteigerungen, z.B. bei n = 2800 [min^{-1}] von ca. 25 [%], während die Anordnung l_{za} = 765 [mm], l_{Diff} = 300 [mm] im unteren Drehzahlbereich zu Leistungssteigerungen führte, die z.B. bei n = 2000 [min^{-1}] etwa 14 [%] betrug. In beiden Kennfeldern ist die Drehzahlbreite, in der Leistungssteigerungen auftraten, sehr groß, so daß die Frage der Anwendbarkeit solcher Auspuffanordnungen an <u>Fahrzeugmotoren</u> positiv beantwortet werden kann, wenn das Problem der Schalldämpfung hierbei genügend gelöst wird. Der mit Diffusoranordnungen laufende Versuchsmotor löste nämlich einen lauten und dumpfen Lärm aus, der natürlich für Betriebsmotoren nicht hingenommen werden kann.

Mit der Steigerung der Maschinenleistung nach den Abbildungen 13a und 13b war auch eine Erhöhung des Luftaufwandes L und des stündlichen Brennstoffverbrauches B_e verbunden. Mithin hatte sich der Ladungstransport durch die Maschine während der Gaswechselperiode und aber auch die Höhe der im Zylinder bei Abschluß des Auslaßschlitzes verbliebenen reinen Ladung gegenüber der "Ausgangsmaschinenanordnung" vergrößert. Der spezifische Brennstoffverbrauch b_e wurde im Bereich der Leistungssteigerung bei beiden Versuchsanordnungen relativ zu den Werten der "Ausgangsmaschine" verringert.

Die Erhöhung des Luftaufwandes L und des stündlichen Brennstoff verbrauches B_e kann durch ein höheres Spüldruckgefälle im Zylinder erklärt werden, welches durch die Saugwirkung des Diffusors am Auslaßschlitz entstanden war. Dieses höhere Spüldruckgefälle während der Spülperiode bedingte während der zeitlich danach folgenden Einlaßperiode ein entsprechend höheres Einlaßdruckgefälle und s.f. Die zeitliche Fixierung des Druckverlaufes hinter dem Auslaßschlitz, sowie seine Form bestimmte letzthin die endgültig im Zylinder verbliebene Ladungsmenge, deren Reinheit wiederum eine Funktion der Spülströmung war. Man kann aus dieser summarischen Beschreibung entnehmen, daß der Gaswechsel einer Zweitaktmaschine unter der zusätzlichen Einwirkung der Strömungsvorgänge in den angeschlossenen Auspuffleitungssystemen äußerst kompliziert ist. Zu einem tieferen

Einblick in die Vorgänge beim Gaswechsel müßten zusätzliche Messungen vorgenommen werden, wie z.B. Gasmengenmessungen und Analysierung von Gasproben im Zylinder in zeitlich zweckmäßiger Staffelung während der Gaswechselperiode, sowie der Feststellung des Spülstromablaufes. Oszillographische Druckmessungen im Auslaßsystem geben zwar schon einen gewissen Anhalt über die dort ablaufenden Strömungsvorgänge, müßten aber durch die zusätzliche Messung der nichtstationären Geschwindigkeit, des nichtstationären Temperaturverlaufes[9] und der zeitlich veränderlichen Gasschichtung ergänzt werden, um ein Gesamtbild über den Gaswechsel zu erhalten. Solche Messungen dürften aber besonders bei schnellaufenden Zweitaktmotoren z.Z. kaum mit den vorhandenen Meßmethoden durchführbar sein.

In den Abbildungen 13a und 13b sind noch die Drehzahlen vermerkt, bei denen oszillographische Druckaufnahmen an den betreffenden Maschinenanordnungen durchgeführt wurden. Das Ergebnis dieser Messungen soll im nachfolgenden Abschnitt besprochen werden. Auf den Abbildungen 18, 19 und 20 wurden nun die mit Diffusorauspuffanlagen gemessenen Kennfeldgrößen über der Abszisse $l_{za} \div l_{Diff}$ in Linien konstanter Drehzahlen aufgetragen. Die jeweils vorgeschalteten zylindrischen Rohre hatten die Länge l_{za} = 265, 365, 465, 565, 665 und 765 [mm]. Vergleicht man die Leistungsschaubilder miteinander, so fällt der entscheidende Einfluß dieser vorgeschalteten Rohre auf die Höhe der erzielten Maximalleistungen auf. Für den oberen Drehzahlbereich zeichnet sich die Auspuffanordnung l_{za} = 365 [mm], l_{Diff} = 900 [mm] in der Abbildung 18b aus. Aber auch bei mittleren und kleineren Drehzahlen ergab diese Auspuffanordnung noch erhebliche Leistungssteigerungen. Der Verlauf der Leistungsmaxima ist - im Gegensatz zum Verlauf der Leistungsmaxima bei einfachen Auspuffrohren - über der Abszisse $l_{za} \div l_{Diff}$ in den Abbildungen 18 bis 20 sehr unregelmäßig. Er wurde in den angeführten Abbildungen nicht eingezeichnet.

Ähnlich wie bei einfachen Auspuffrohranordnungen mußte mit kleiner werdender Drehzahl die Diffusorlänge vergrößert werden, um hier die Leistungsmaxima aufzuspüren. Für einen Teil der verwendeten Auspuffrohr-Diffusorkombinationen konnten die Optimalpunkte der Leistung im unteren Drehzahlbereich nicht ermittelt werden. Dazu hätten größere Diffusorlängen angeflanscht werden müssen. Lediglich bei der Auspuffrohr-Diffusor-

---

9. Über die Messung veränderlicher Temperaturen im Auslaßsystem von Motoren berichtet S. AFTALION, in der MTZ Jg.20, Heft 2, Febr. 1959

kombination l_{za} = 665 [mm], l_{Diff} = 600 [mm] der Abbildung 20a konnten sämtliche Optimalpunkte der Leistung ermittelt werden.

Man kann in den Punkten der Leistungsmaxima etwa auch die Punkte des geringsten spezifischen Brennstoffverbrauches b_e beobachten, obwohl hier der stündliche Brennstoffverbrauch B_e relativ zur "Ausgangsmaschinenanordnung" gestiegen war. Die Maximalwerte des Luftaufwandes L decken sich nicht mit den Lagen der Leistungsmaxima. Diese Beobachtung wurde auch bei einfachen Auspuffrohranordnungen gemacht und im Forschungsbericht Nr. 588 erwähnt. Ebenfalls liegen die Maxima der mittleren Abgastemperaturen T_{abgm} nicht an den Stellen der Leistungsmaxima.

Auf den Abbildungen 21a und 21b wurde der Kennfeldgrößenverlauf bei einfacher Auspuffrohranordnung (entnommen aus dem Forschungsbericht Nr. 588) und der bei Rohr-Diffusoranordnung nach Abbildung 18b verglichen. Man sieht sofort, daß die Rohr-Diffusoranordnung am Auspuff der einfachen Auspuffrohranordnung hinsichtlich der erzielten Leistungssteigerungen weitaus überlegen war[10].

In der nachfolgenden Tabelle 1 sollen die Leistungssteigerungen und die Verringerung des spezifischen Brennstoffverbrauches - relativ zu den entsprechenden Werten der "Ausgangsmaschinenanordnung" - für eine Reihe von Drehzahlen in [%] verglichen werden, wie sie sich aus den Abbildungen 21a und 21b in den Punkten der Leistungsmaxima ablesen lassen.

<u>Tabelle 1</u>

Leistungssteigerungen und Verringerung des spezifischen Brennstoffverbrauches relativ zur "Ausgangsmaschinenanordnung" bei Anordnung von einfachen Auspuffrohren und Rohr-Diffusoranordnungen

n	Maschine mit einfachen Auspuffrohren		Maschine mit Rohr-Diffusoranordnungen	
	ΔNe	Δbe	ΔNe	Δbe
[min^{-1}]	[%]	[%]	[%]	[%]
2000	+ 6,5	- 2	+ 16	+ 8,5
2200	+ 5	+ 2,5	+ 21	+ 11
2400	+ 8,5	+ 4,5	+ 22	+ 14
2600	+ 7	+ 2	+ 25	+ 16,5
2800	+ 7	+ 6,5	+ 23	+ 17

10. Bei einer einzylindrischen Dieselmaschine gelang es nach M. LEIKER [9] deren Leistung auf 30 [%] zu erhöhen (bezogen auf die gebläsegespülte Ausgangsmaschine)

Abschließend kann festgestellt werden, daß die Wahl einer geeigneten Rohr-Diffusoranordnung am Auspuff sich nach dem Verwendungszweck der Maschine richten muß; ob diese also in ihrem unteren, mittleren oder oberen Drehzahlbereich hohe Leistungen abgeben soll. Die Rohr-Diffusorkombination am Auspuff einer Zweitaktmaschine scheint jeder dieser Forderungen gerecht zu werden.

4.6 Der zeitliche Druckverlauf im Kurbelkasten, Zylinder und im Auspuffrohr-Diffusorsystem

Abbildung 14 zeigt den gemessenen zeitlichen Druckverlauf im Kurbelkasten, Zylinder und unmittelbar hinter dem Auslaßschlitz (Meßstellenanordnung nach Abb.12), aufgenommen bei etwa $n = 2600$ $[min^{-1}]$ und Vollast an der Maschinenanordnung (nach Abb.3d) mit dem Auspuffrohr-Diffusor $l_{za} = 365$ [mm], $l_{Diff} = 900$ [mm]. Wir erinnern uns nach den Ausführungen des vorigen Abschnitts, daß diese Auspuffleitungsanordnung (s.auch Abb. 18b) im mittleren und oberen Drehzahlbereich zu hohen Leistungssteigerungen führte. Im Druckverlauf p_1 hinter dem Auslaßschlitz erkennt man wieder den Vorauslaßdruckstoß, danach einen über den größten Teil der Spülperiode reichenden, fast konstanten Unterdruck von etwa $-0,1$ $[kg/cm^2]$ und gegen Ende der Spülperiode einen sogenannten von M LEIKER [9] schon benannten "Aufladedruckstoß". Vergleicht man nun diesen Druckverlauf mit dem in Abbildung 9 aufgezeichneten (hier bei Anordnung des auf $n = 2600$ $[min^{-1}]$ "abgestimmten" einfachen Auspuffrohres von $l_{za}* = 765$ [mm]), so fällt auf, daß dort die Unterdruckzone schmaler und der sich anschließende "Aufladestoß" bedeutend niedriger verlief. Man darf annehmen, daß die auf den Ladungswechsel sich günstig auswirkende Diffusorwirkung im wesentlichen auf der breiten Unterdruckzone und auf dem plötzlich einsetzenden hohen "Druckstoß" beruht.

Auf Abbildung 13 ist in verschiedenen Abständen vom Auslaßschlitz der zeitliche Druckverlauf im eben angeführten Auspuffleitungssystem bei etwa der gleichen Drehzahl festgehalten worden, um den Wellenverlauf längs dieses Auspuffleitungssystems verfolgen zu können. Der Vorauslaßdruckstoß erscheint in den entfernter liegenden Meßstellen immer später, bis er am offenen Diffusorende negativ reflektiert wurde. Innerhalb des Diffusors haben die Druckamplituden beim Vorlaufen in ihrer Höhe abgenommen und in Richtung auf die Diffusorverengung steigerte sich die Tiefe der Unterdruckzonen. Die sich tatsächlich in diesem Auspuffleitungssystem abspielenden Vorgänge sind natürlich verwickelter, als daß man durch eine kurze summarische Betrachtung hier allen auftretenden Erscheinungen gerecht werden könnte. Während der Druckaufnahmen konnte die Maschinendrehzahl nicht immer konstant auf n = 2600 $[min^{-1}]$ gehalten werden. Doch dürfte der geringfügige Unterschied der Drehzahlen kaum eine Verfälschung der Zuordnung dieser Aufnahmen zueinander bewirkt haben.

In Abbildung 16 wurde der registrierte zeitliche Druckverlauf bei n = 2600 $[min^{-1}]$ und Vollast im Zylinder und Auspuffleitungssystem l_{za} = 765 [mm], l_{Diff} = 300 [mm] dargestellt. Wir wissen von Abbildung 13b und Abbildung 20b, daß wir keine besonders günstige Einwirkung dieses Auspuffleitungssystems auf den Ladungswechsel der Maschine bei dieser Drehzahl erwarten durften. Der Druckverlauf p_1 hinter dem Auslaßschlitz auf Abbildung 16 erklärt diesen Sachverhalt. Man erkennt hier, daß die Breite des Vorauslaßdruckstoßes etwa gleich der halben Auslaßperiode war und daß im zweiten Teil der Spül- und Auslaßperiode eine starke Unterdruckzone vorherrschte. Hierdurch wurde die Spülströmung zu einem ungünstigen Zeitpunkt beschleunigt, so daß gerade gegen Ende der Auslaßperiode ein intensives Ausströmen aus dem Zylinder einsetzen mußte. Dies bedeutete ein Verlust an Frischladung im Zylinder und als Folge davon eine geringere Maschinenleistung. Der ausgesprochen ungünstige Druckverlauf hinter dem Auslaßschlitz auf Abbildung 16 ähnelt stark dem ebenfalls ungünstigen Druckverlauf beim einfachen, einseitig offenen Auspuffrohr l_{za} = 965 [mm], über den im Forschungsbericht Nr. 588 berichtet wurde. Diese Auspuffrohrlänge wurde dort als "nichtabgestimmt" definiert.

Die Drehzahlabhängigkeit des zeitlichen Druckverlaufes p_1 hinter dem Auslaßschlitz wird aus den Abbildungen 17a bis 17c in Verbindung mit dem bereits besprochenen Druckverlauf p_1 bei n = 2600 $[min^{-1}]$ in Abbildung 14 deutlich. In den angeführten Abbildungen wurde auch der Druckverlauf p_2 im engsten Diffusorquerschnitt mitregistriert. Die Druckaufnahmen wurden bei den Drehzahlen n = 2000 $[min^{-1}]$, n = 2200 $[min^{-1}]$ und 2400 $[min^{-1}]$ bei derselben Auspuffleitungsanordnung l_{za} = 365 [mm], l_{Diff} = 900 [mm] durchgeführt. Wir entnehmen aus Abbildung 13a, welche das Kennfeld dieser Maschinenanordnung enthält, daß mit steigender Drehzahl bis ca. n = 2600 $[min^{-1}]$ eine fortschreitende Zunahme der effektiven Leistung (bzw. des mittleren effektiven Arbeitsdruckes p_e) relativ zur "Ausgangsmaschinenanordnung" gemessen wurde. Da die größte Leistungssteigerung bei ungefähr n ≅ 2600 $[min^{-1}]$ festgestellt wurde und dieser Drehzahl der Druckverlauf p_1 auf Abbildung 14 zugeordnet war, so darf wohl die Form dieses Druckverlaufes als besonders günstig angesehen werden. Im Vergleich mit den Druckverläufen p_1 in den Abbildungen 17a bis 17c erkennt man wesentliche Unterschiede. Während die Höhe und die Breite des Vorauslaßdruckstoßes bei den betrachteten Drehzahlen etwa gleich war, änderte sich die Form der Unterdruckzone während der Spül- und Auslaßperiode stärker mit der Drehzahl. Bei den Drehzahlen unter n = 2400 $[\text{min}^{-1}]$ brandete gerade eine zweite Unterdruckwelle am Auslaßschlitz gegen Ende der Auslaßperiode an und verursachte einen gewissen Verlust an Zylinderladung. Erst der auf Abbildung 14 registrierte Druckverlauf p_1 bei n = 2600 $[\text{min}^{-1}]$ zeigte den erwünschten Überdruck gegen Ende der Auslaßperiode, so daß eine Aufladung des Zylinders ermöglicht wurde.

4.7 Der Einfluß von kombiniert angeordneten Auspuffrohren und Diffusoren am Auspuff mit Blendenanordnung am Diffusorende auf die Kennfeldgrößen der Versuchsmaschine bei Vollast

Für die Durchführung dieser Versuche waren aus der Reihe der auf den Abbildungen 12a bis 12f angeführten Auspuffleitungsanordnungen zwei "Rohr-Diffusoranordnungen" ausgewählt worden. An den Diffusorenden wurden je zwei Normblenden mit den Öffnungsverhältnissen m = 0,35 und m = 0,7 angeflanscht. Anschließend folgte zur Abführung der anfallenden Abgase ein Abgassammelrohr von 200⌀ [mm] Durchmesser. Die ausgewählten Auspuffanlagen wurden noch einmal auf Abbildung 22 aufgeführt.

Die Meßergebnisse sind in den Abbildungen 24a bis 24d enthalten. Abbildung 24a zeigt das Kennfeld der Versuchsmaschine mit der Auspuffanlage l_{za} = 365 [mm], l_{Diff} = 600 [mm] bei offenem Diffusorende, also bei dem Öffnungsverhältnis m = 1,0. In Abbildung 24b wurde der Verlauf der Kennfeldgrößen derselben Auspuffanordnung bei verschiedenen Größen der Auslaufblende in Linien konstanter Drehzahlen aufgetragen. Die Abbildungen 24c und 24d enthalten dieselben Darstellungen, allerdings bei der Auspuffanlage l_{za} = 465 [mm], l_{Diff} = 600 [mm]. Es ist auffällig, daß die Auslaufblende vom Öffnungsverhältnis m = 0,7 in ihren Auswirkungen auf die nichtstationären Strömungsverhältnisse in beiden Auspuffleitungssystemen bei fast sämtlich betrachteten Drehzahlen zu deutlichen Leistungssteigerungen führte. Wir erinnern uns, daß diese Erscheinung in analoger Form auch bei einfachen Auspuffrohren mit Auslaufblendenabschluß auftrat, allerdings hier nur im unteren Drehzahlbereich (s.dazu die Abb. 11b bis 11d). Die Ursache dieser gesteigerten Ladungswechselbeeinflussung in günstiger Richtung (damit der Leistungssteigerung) kann nur in den Reflexionsbedingungen an der Auslaufblende m = 0,7 liegen.

Es ist durchaus denkbar, daß ein positiver Rückwurf an dieser Auslaufblende entstand, der dann sich im Diffusor verstärkte, anschließend durch das vorgeschaltete zylindrische Rohr zum Auslaßschlitz zurücklief, dort gegen Ende der Auslaßperiode eintraf und einen stärkeren "Aufladedruckstoß" aufbaute. Leider konnten im Rahmen dieser Arbeit keine näheren Untersuchungen über diese Vorgänge im Auspuffrohr-Diffusor mit Auslaufblende durchgeführt werden.

Da ein Schalldämpfer in seinen Auswirkungen auf die nichtstationären Auspuffleitungsströmungsvorgänge mit gewisser Annäherung als Drossel aufgefaßt werden kann, so zeichnet sich auch bei Auspuffdiffusoranordnungen hiermit ein Weg ab, diese mit Schalldämpfer zu versehen, ohne Leistungseinbußen der Maschine befürchten zu müssen.

5. Zusammenfassung

In der vorliegenden Arbeit wurde die Auswirkung von Auslaufblenden an einfachen zylindrischen Auspuffrohren und der Einfluß von nachgeschalteten Auspuffdiffusoren mit und ohne Auslaufblenden am Diffusorende auf die abgegebene Maschinenleistung, den Luftaufwand, den stündlichen und spezifischen Brennstoffverbrauch und die mittlere Abgastemperatur einer vorgegebenen Zweitakt-Versuchsmaschine experimentell festgestellt.

Diese Untersuchungen sind als Fortsetzung und Erweiterung des Forschungsberichtes Nr. 588 [11] gedacht, in dem über den Einfluß einfacher, zylindrischer Auspuffrohre mit offenem Rohrende auf den Ladungswechsel derselben Zweitaktmaschine berichtet wurde.

Bei Auslaufblenden an einfachen, zylindrischen Auspuffrohren konnte nur im Bereich kleinerer Drehzahlen zusätzliche Leistungssteigerungen relativ zu den entsprechenden Werten bei gleicher Auspuffrohrlänge und offenem Rohrende gemessen werden. Hier zeichnete sich das Blendenöffnungsverhältnis $m = 0,7$ als günstig aus. Im oberen Drehzahlbereich trat eine rapide Verkleinerung der abgegebenen Maschinenleistung ein.

Sehr hohe Leistungssteigerungen gegenüber der im vorliegenden Bericht definierten "Ausgangsmaschinenanordnung" wurden mit Auspuffrohr-Diffusorkombinationen erzielt. Die vorgeschaltete Auspuffrohrlänge erwies sich von entscheidendem Einfluß auf die Absoluthöhe der gewonnenen Optimalleistungen. Jeder vorgeschalteten Auspuffrohrlänge entsprach eine bestimmte nachgeschaltete Diffusorlänge für jede Drehzahl, bei der die Optimalleistung auftrat.

Diese Rohr-Diffusoranordnungen konnten dann hinsichtlich ihrer Einwirkung auf den Ladungswechsel als "abgestimmt" gelten. Aus den hier untersuchten Rohr-Diffusorkombinationen zeichnete sich die Anordnung l_{za} = 365 [mm], l_{Diff} = 300 bis 1200 [mm] durch höchste Leistungsoptima aus. Eine weitere Verlängerung des vorgeschalteten Auspuffrohres brachte bereits niedrigere Leistungswerte. Es wurden deshalb an der Auspuffleitungsanordnung l_{za} = 365 [mm], l_{Diff} = 900 [mm], die für die Drehzahl n = 2600 [min^{-1}] als "abgestimmt" gelten kann, oszillographische Druckmessungen hinter dem Auslaßschlitz und in verschiedenen Abständen vom Auslaßschlitz durchgeführt, um die Art der nichtstationären Auspuffströmung in diesem Auspuffleitungssystem näher zu untersuchen. Gleichzeitig bei anderen Drehzahlen am selben Auspuffleitungssystem durchgeführte Druckmessungen gestatteten dann die Aufspürung der "günstigsten" Form des Druckverlaufs hinter dem Auslaßschlitz. Dieser bestand im wesentlichen aus einer etwa in der Mitte der Spülperiode sich einstellenden, breiten Unterdruckzone und einem steilen "Aufladedruckstoß" kurz vor Abschluß des Auslaßschlitzes.

Auch die Auslaufblendenanordnung am Diffusorende von Rohr-Diffusorkombinationen brachte weitere Leistungssteigerungen der Versuchsmaschine für fast den gesamten Drehzahlbereich. Die hierfür verantwortliche Blende hatte das Öffnungsverhältnis m = 0,7. An der "Ausgangsmaschinenanordnung" wurde die nichtstationäre Saugrohrströmung durch eine piezoelektrische Druckmessung bei einer bestimmten Drehzahl näher untersucht und das Meßergebnis mit einer durchgeführten akustischen Rohrrechnung verglichen. Dazu wurden die bekannten Grundlagen der Saugrohr- und der Einlaßrechnung in den Kurbelkasten noch einmal kurz abgeleitet. Der Vergleich des Rechenergebnisses mit der Messung zeigte die für Saugrohrrechnungen bekannte und durchaus genügende Übereinstimmung.

Dr.-Ing. Werner Wilhelm

6. Formelzeichen

Zeichen	Dim.	Bedeutung
B_a	[Torr]	Barometerstand
B_e	[kg/h]	Stündlicher Brennstoffverbrauch
B_e	[kg/cm²]	Behälterseitiger Gefällsminderungsfaktor nach G. REYL [7]
F_{ek}	[m²]	Einlaßquerschnitt
G	[kg/s]	Strömendes Gasgewicht
G_e	[kg/cm²]	Faktor der gesamten Gefällsminderung
q_e	[-]	Dimensionsloser Faktor der gesamten Gefällsminderung
q_e^*	[-]	Faktor der gesamten Gefällsminderung auf (w_{ders}/a_{oe}) bezogen
K_e	[mm²/kgs]	Verhältnis von Geschwindigkeits zu Druckwelle
L_e	[kg/cm²]	Leitungsseitiger Gefällsminderungsfaktor nach G. REYL [7]
L	[-]	Luftaufwand, auf Zustand am Meßtage bezogen (p_a, T_a)
N_e	[PSe]	Effektive Maschinenleistung
P	[kg/m²]	Druck
R	[mkg/kg°]	Gaskonstante
T	[°K]	Absolute Temperatur
T_k	[°K]	Kurbelkastentemperatur
T_{k_m}	[°K]	Mittlere Kurbelkastentemperatur
T_{abg_m}	[°K]	Mittlere Abgastemperatur
V_H	[cm³]	Hubvolumen
V_k	[cm³]	Kurbelkastenvolumen
Z_k	[-]	Bezogenes Kurbelkastenvolumen
a_e	[m/s]	Schallgeschwindigkeit vom Zustand vor Einlaßschlitz
a_{ce}	[m/s]	Schallgeschwindigkeit, die sich bei adiabatischer Zustandsänderung von p_e auf p_o ergibt
a_o	[m/s]	Schallgeschwindigkeit beim Außenzustand p_o, T_o
a_{ok}	[m/s]	Schallgeschwindigkeit, die sich bei adiabatischer Zustandsänderung von p_k auf p_o ergibt

Zeichen	Dim.	Bedeutung
b_e	[gr/Seh]	Spezifischer Brennstoffverbrauch
b_e	[-]	Quotient aus leistungsseitigem und behälterseitigem Gefällsminderungsfaktor
d	[mm]	Durchmesser
f	[m²]	Rohrquerschnitt
g	[m/s²]	Erdbeschleunigung
l_{za}	[mm]	Auspuffrohrlänge
l_{za_o}	[mm]	Auspuffrohrlänge der "Ausgangsmaschinenanordnung"
$l_{za}*$	[mm]	"Abgestimmte" Auspuffrohrlänge
l_{Diff}	[mm]	Länge des Auspuffdiffusors
l_{ek}	[mm]	Saugrohrlänge
l_{kz_o}	[mm]	Spülkanallänge der Firmenanordnung
m	[-]	Blendenöffnungsverhältnis
n	[min⁻¹]	Drehzahl
p	[kg/cm²]	Druck
p_o	[kg/cm²]	Bezugsdruck
p_e	[kg/cm²]	Saugrohrdruck vom Einlaßschlitz
$p_1, p_2 \ldots$	[kg/cm²]	Druck hinter Auslaßschlitz in Auspuffleitung
p_B	[kg/cm²]	Brandungsdruck
p_s	[kg/cm²]	Druck im Saugrohrmeßquerschnitt s
p_z	[kg/cm²]	Zylinderdruck
p_k	[kg/cm²]	Kurbelkastendruck
p_e	[kg/cm²]	Mittlerer effektiver Arbeitsdruck
p_{zu}	[kg/cm²]	Zum Einlaßschlitz vorlaufende Druckwelle
p_{ab}	[kg/cm²]	Vom Einlaßschlitz ablaufende Druckwelle
$\Delta p_{e_{ge}}$	[kg/cm²]	Leitungsseitige Gefällsminderung
$\Delta p_{k_{ge}}$	[kg/cm²]	Behälterseitige Gefällsminderung
Δp_g	[kg/cm²]	Gesamte Gefällsminderung
γ	[-]	Mit p_o dimensionslos gemachter Druck
$\Delta \gamma_{l_{ge}}$	[-]	Dimensionslose, leitungsseitige Gefällsminderung
$\Delta \gamma_{k_{ge}}$	[-]	Dimensionslose, behälterseitige Gefällsminderung

Zeichen	Dim.	Bedeutung
$\Delta \gamma_g$	[-]	Dimensionslose gesamte Gefällsminderung
$\Delta \gamma_A$	[-]	Dimensionsloses aufgeprägtes Druckgefälle
$\Delta \gamma_B$	[-]	Dimensionsloser Brandungsdruck
γ_k	[-]	Dimensionsloser Kurbelkastendruck
t	[°C]	Temperatur
w_e	[m/s]	Strömungsgeschwindigkeit vor Einlaßschlitz
w_{d_w}	[m/s]	Wahre Strömungsgeschwindigkeit im Einlaßschlitz
$w_{d_{ers}}, w_{d_{ers}}*$	[m/s]	Ersatzströmungsgeschwindigkeiten
x	[mm]	Weg
α_{ek}	[-]	Durchflußzahl des Einlaßschlitzes
γ	[kg/m³]	Spezifisches Gewicht
$\varkappa$	[-]	Adiabatenexponent
φ	[°KW]	Kurbelwinkel
τ_e	[-]	Erwärmungsfaktor
τ_{oe}	[-]	Auf p_o bezogene Erwärmungszahl

<u>Zeiger und Indizes</u>

'	Intervallanfang
m	Intervallmitte
''	Intervallende
ek	Richtung von Einlaß in Kurbelkasten
ke	Richtung von Kurbelkasten zum Einlaß
kz	Richtung von Kurbelkasten über Spülkanal in Zylinder
za	Richtung von Zylinder nach Auslaß

7. Literaturverzeichnis

[1] PISCHINGER, A. — Bewegungsvorgänge in Gassäulen, insbesondere beim Auspuff- und Spülvorgang von Zweitaktmaschinen
Forsch.-Ing. Wesen, Bd.6 (1936) S. 227

[2] SAUER, R. — Charakteristikenverfahren für die eindimensionale Gasströmung
Ing.-Archiv Bd.13 (1942)

[3] SCHULTZ-GRUNOW, F. — Nichtstaionäre, eindimensionale Gasbewegung
Forsch.-Ing. Wesen 13 (1942) S. 125/134

[4] HADLATSCH, P. — Ladungswechsel und Entwurf eines Zweitaktmotors
Diss. T.H. Aachen 1947

[5] DIN 1952 — VDI-Durchflußregeln, 6.Ausgabe, 1948

[6] JENNY, E. — Berechnung und Modellversuche über Druckwellen großer Amplituden in Auspuffleitungen
Diss. E.T.H. Zürich 1949

[7] LIST, H. - G. REYL — Der Ladungswechsel der Verbrennungsmaschine, 1. Teil, Wien 1949

[8] LIST, H. — Der Ladungswechsel der Verbrennungsmaschine, 2. Teil, Der Zweitakt, Wien 1950

[9] LEIKER, M. — Die Auspuffanlage des Zweitaktmotors
MTZ 1952, Jg.13, S. 171

[10] WILHELM, W. — Instationäre Gasströmung im Auspuffsystem eines Zweitaktmotors
Forschungsbericht Nr. 165 des Wirtschafts- und Verkehrsministerums Nordrhein-Westfalen, 1955

[11] ders. — Untersuchungen über den Einfluß der Auspuffrohrabmessungen auf den Ladungswechsel einer Einzylinder-Zweitakt-Vergasermaschine mit Kurbelkastenspülung
Forschungsbericht Nr. 588 des Wirtschafts- und Verkehrsministeriums Nordrhein-Westfalen, 1958

[12] ders. — Einfluß der Spülkanalabmessungen auf den Ladungswechsel kurbelkastengespülter Zweitaktmotoren
Mitteilungen aus dem Aerodynamischen Institut der T.H.Aachen (noch nicht veröffentlicht)

Hier ist nur eine Auswahl des umfassenden Schrifttums aufgeführt, in welchem die Auspuffleistungsströmung bei Zweitaktmotoren behandelt wurde. Weitere Literaturangaben enthalten die oben angeführten Schriften.

8. Bildliche Darstellungen

Gegenstand der bildlichen Darstellung	Bild-Nr.
Schema des Versuchsstandes	1
Meßstellenschema	2
Schematische Darstellung der einzelnen Maschinenanordnungen.	3a ÷ 3e
Abmessungen des Saugrohrstutzens für alle Versuchsanordnungen	4
Abmessungen der Auspuffleitung an der Ausgangsmaschine	5
Kennfelder der Versuchsmaschine bei Ausgangsanordnung und bei Anordnung des Auspuffrohres l_{za} = 765 [mm] nach Forschungsbericht Nr. 588	6
Gemessener Druckverlauf vor dem Einlaßschlitz, im Kurbelkasten, Zylinder und hinter dem Auslaßschlitz bei n = 2600 [min^{-1}] und Vollast.	7
Vergleich des gemessenen und akustisch gerechneten Druckverlaufes im Saugrohr bei n = 2600 [min^{-1}] und Vollast.	8
Gemessener Druckverlauf im Kurbelkasten, Zylinder und hinter dem Auslaßschlitz bei n = 2600 [min^{-1}] und Vollast nach Forschungsbericht Nr. 588	9
Auspuffrohranordnung mit und ohne Auslaufblenden	10a ÷ 10f
Kennfeldgrößen bei Auspuffanordnung mit offenen Rohrenden und Kennfeldgrößen dreier ausgezeichneter Auspuffrohre mit Auslaufblenden	11a ÷ 11d
Abmessungen der Auspuffanlagen "Zylindrisches Rohr-Diffusor"	12a ÷ 12f
Vergleich des Ausgangsmaschinenkennfeldes mit zwei ausgewählten Kennfeldern bei Rohr-Diffusoranordnung	13a ÷ 13b
Gemessener Druckverlauf im Kurbelkasten, Zylinder und hinter dem Auslaßschlitz bei n = 2600 [min^{-1}] und Vollast	14
Gemessener Druckverlauf in der abgestimmten Auspuffanlage l_{za} = 365 [mm], l_{Diff} = 900 [mm] für n = 2600 [min^{-1}] und Vollast.	15
Gemessener Druckverlauf im Zylinder und in der Auspuffanlage l_{za} = 765 [mm], l_{Diff} = 300 [mm] bei n = 2600 [min^{-1}] und Vollast.	16
Gemessener Druckverlauf im Zylinder und in der Auspuffanlage l_{za} = 365 [mm], l_{Diff} = 900 [mm] bei verschiedenen Drehzahlen.	17a ÷ 17c
Verlauf der Kennfeldgrößen als Funktion der Auspuff-Diffusoranordnung	18, 19, 10
Verlauf der Kennfeldgrößen bei Auspuffrohranordnung und bei einer ausgewählten Auspuffrohr-Diffusoranordnung	21
Abmessungen der Auspuffanlage "Zylindrischer Rohr-Diffusor mit Auslaufblende"	22
Definition des Öffnungsverhältnisses m der Auslaufblende am Diffusorende	23
Kennfeldgrößen bei Auspuffrohr-Diffusoranordnung mit Auslaublenden	24

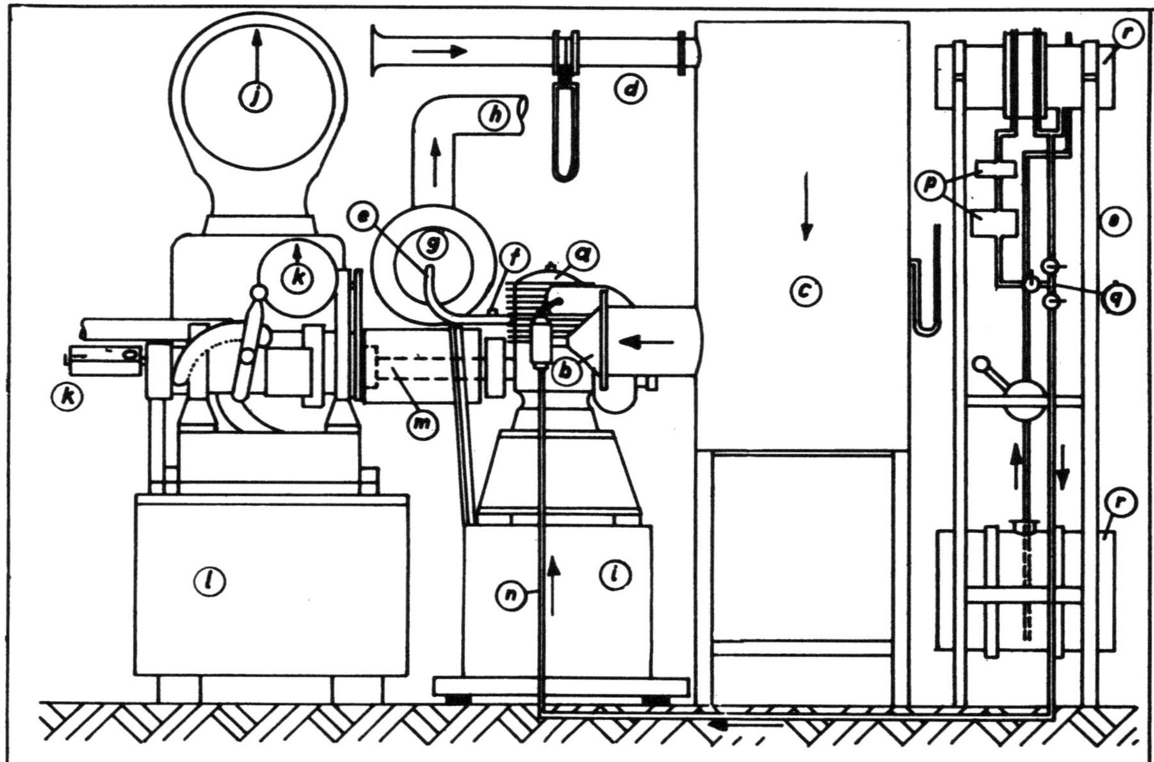

Abbildung 1

Schema des Versuchsstandes

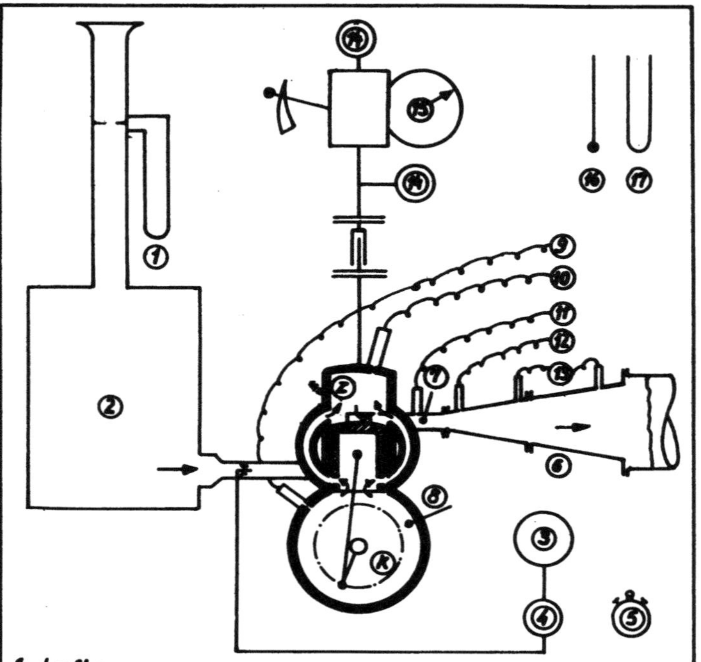

a Versuchsmotor
b Saugrohrstutzen
c Saugkessel
d Luftmeßvorrichtung (m=0,216)
e Auspuffmeßanlage
f Druckmeßstelle
g Diffusor
h Abgassammelleitung
i Motorfundament
j Leistungsbremse
k Drehzahlmeßgerät
l Fundament der Leistungsbremse
m Kardanwelle
n Brennstoffleitung
o Brennstoffmeßstand
p Brennstoffmeßgefäße
q Sperrhähne
r Tank

Abbildung 2

Meßstellenschema

1 Luftmengenmessung
2 Ansaugkessel
3 Brennstofftank
4 Messen der Durchlaufmenge B
5 Messen der Durchlaufzeit von B
6 Diffusor
7 Messen der Abgastemperatur
8 Messen der Kurbelkastentemperatur
9 Kurbelkastendruckes
10 Osz. Messung des Zylinderdruckes
11 Abgaskanaldruckes
12, 13 Diffusordruckes
14 Drehzahlmessung
15 Messen der Belastung
16 Messen der Außentemperatur
17 Messen des Barometerstandes

Seite 40

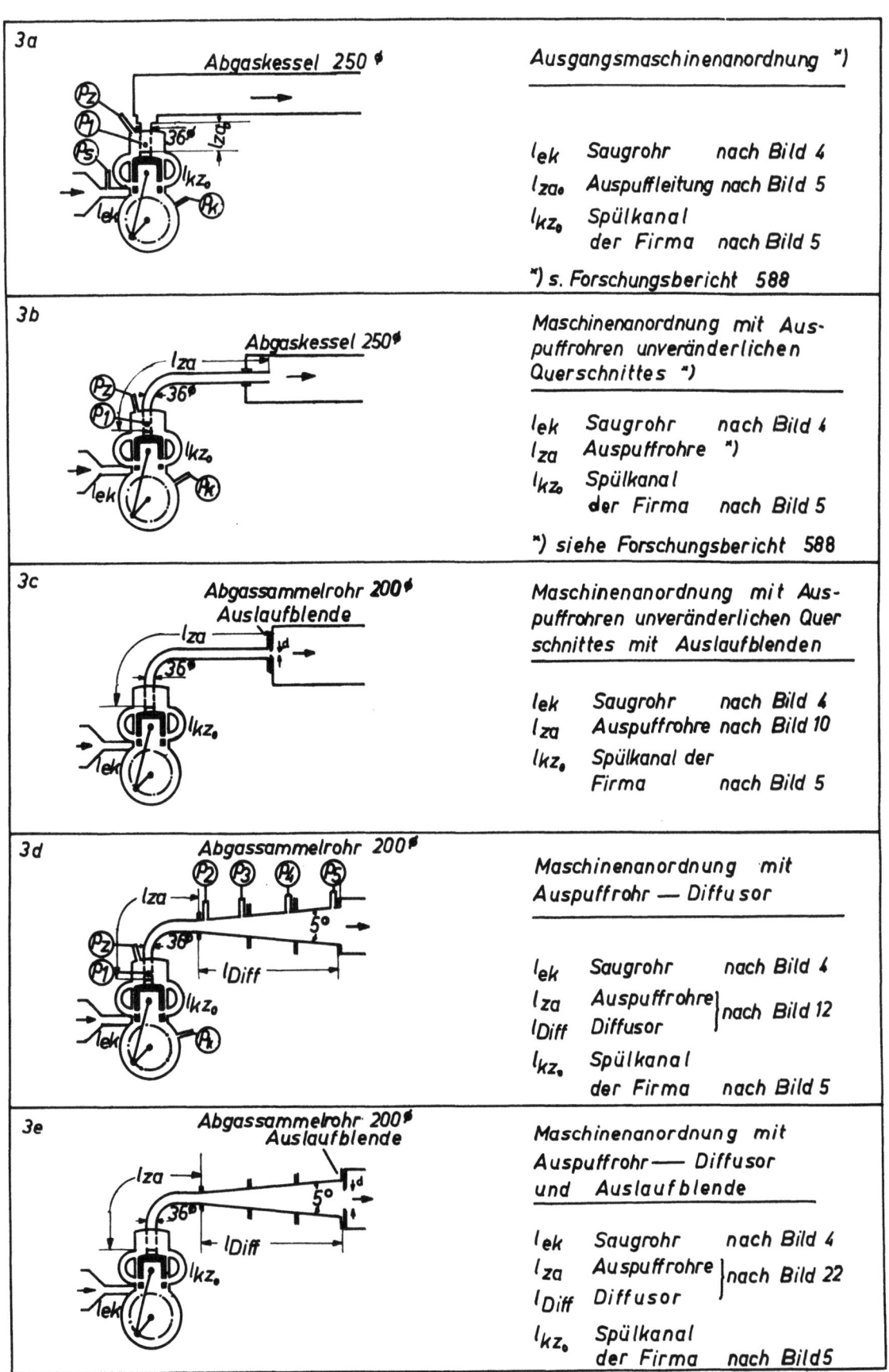

Abbildung 3a bis e

Schematische Darstellung der einzelnen Maschinenanordnungen

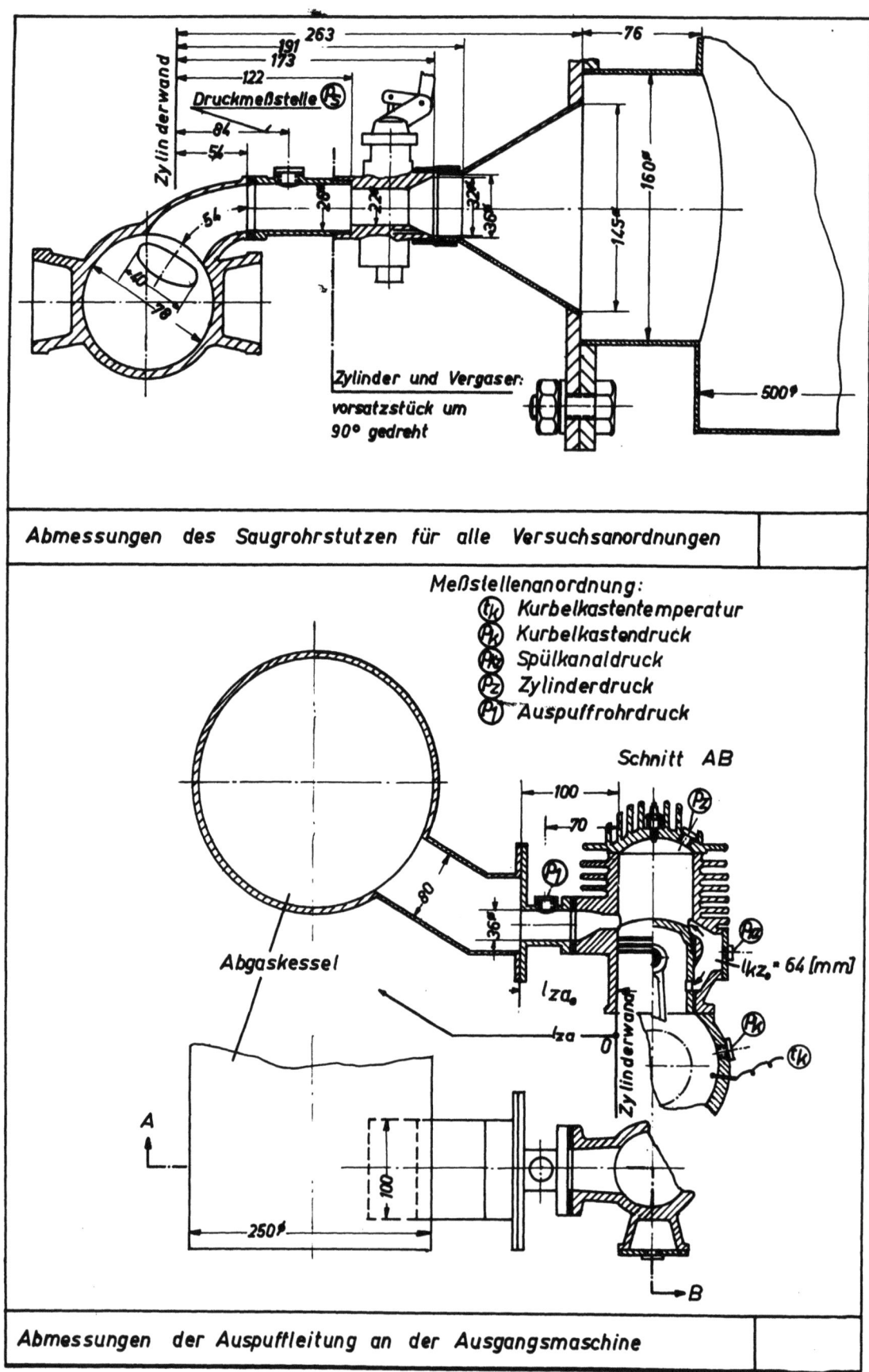

Abbildung 4 und 5

Rohrleitungsanordnung an der Ausgangsmaschine

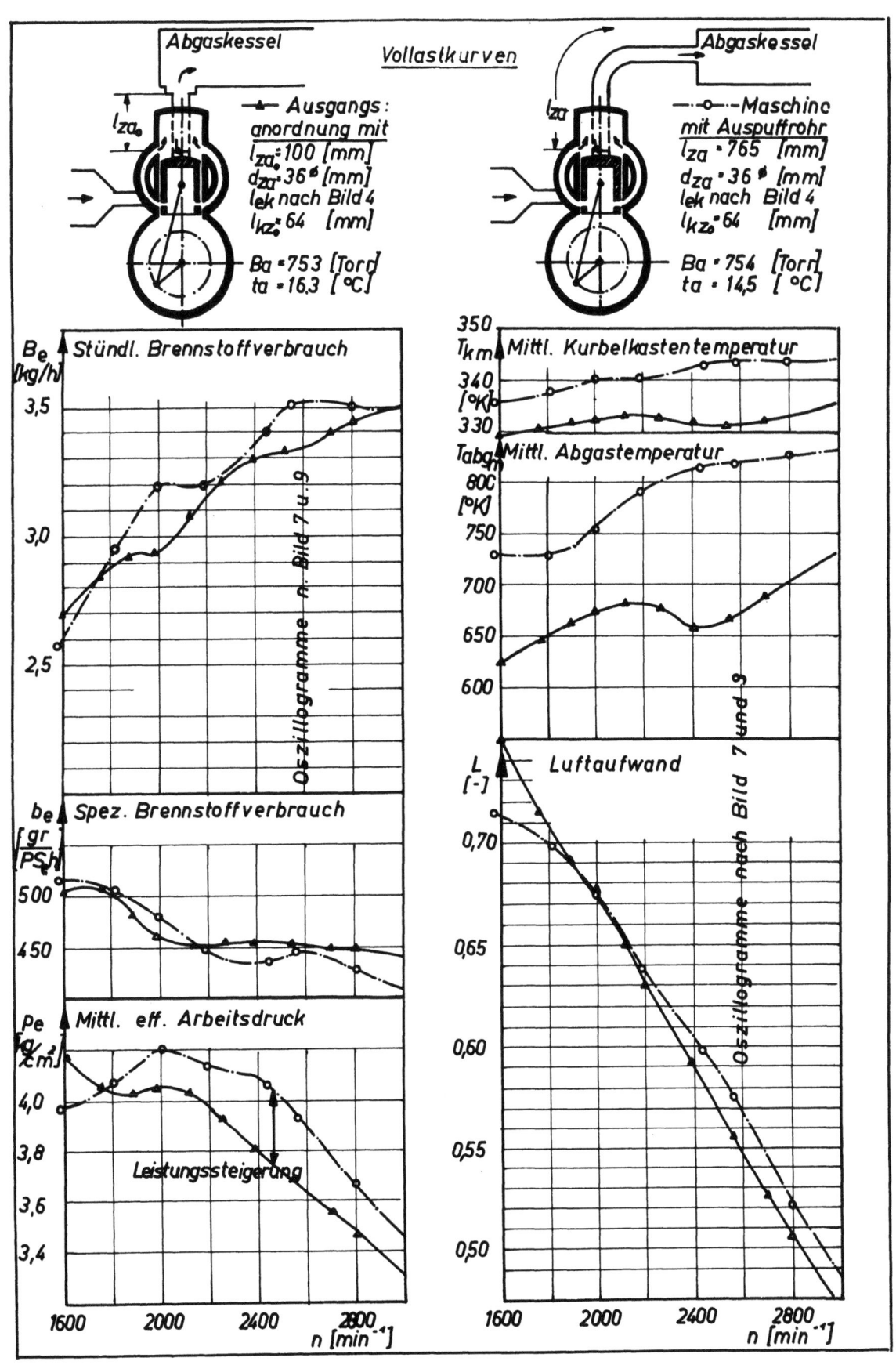

Abbildung 6

Kennfelder der Versuchsmaschine bei Ausgangsanordnung und bei Anordnung des Auspuffrohres l_{za} = 765 [mm] nach Forschungsbericht Nr. 588

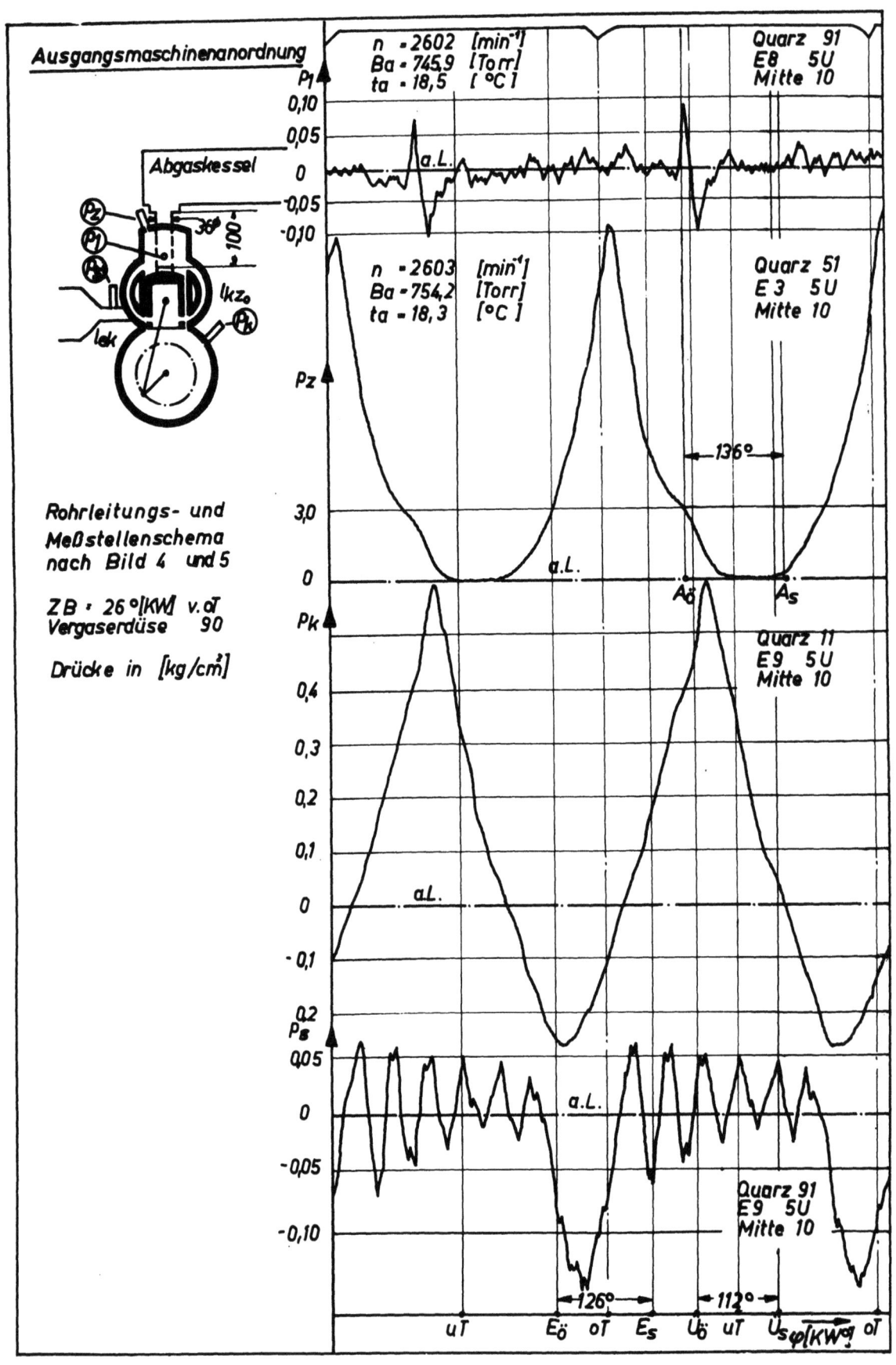

Abbildung 7

Gemessener Druckverlauf vor dem Einlaßschlitz, im Kurbelkasten, Zylinder und hinter dem Auslaßschlitz bei $n \cong 2600\ [\text{min}^{-1}]$ und Vollast

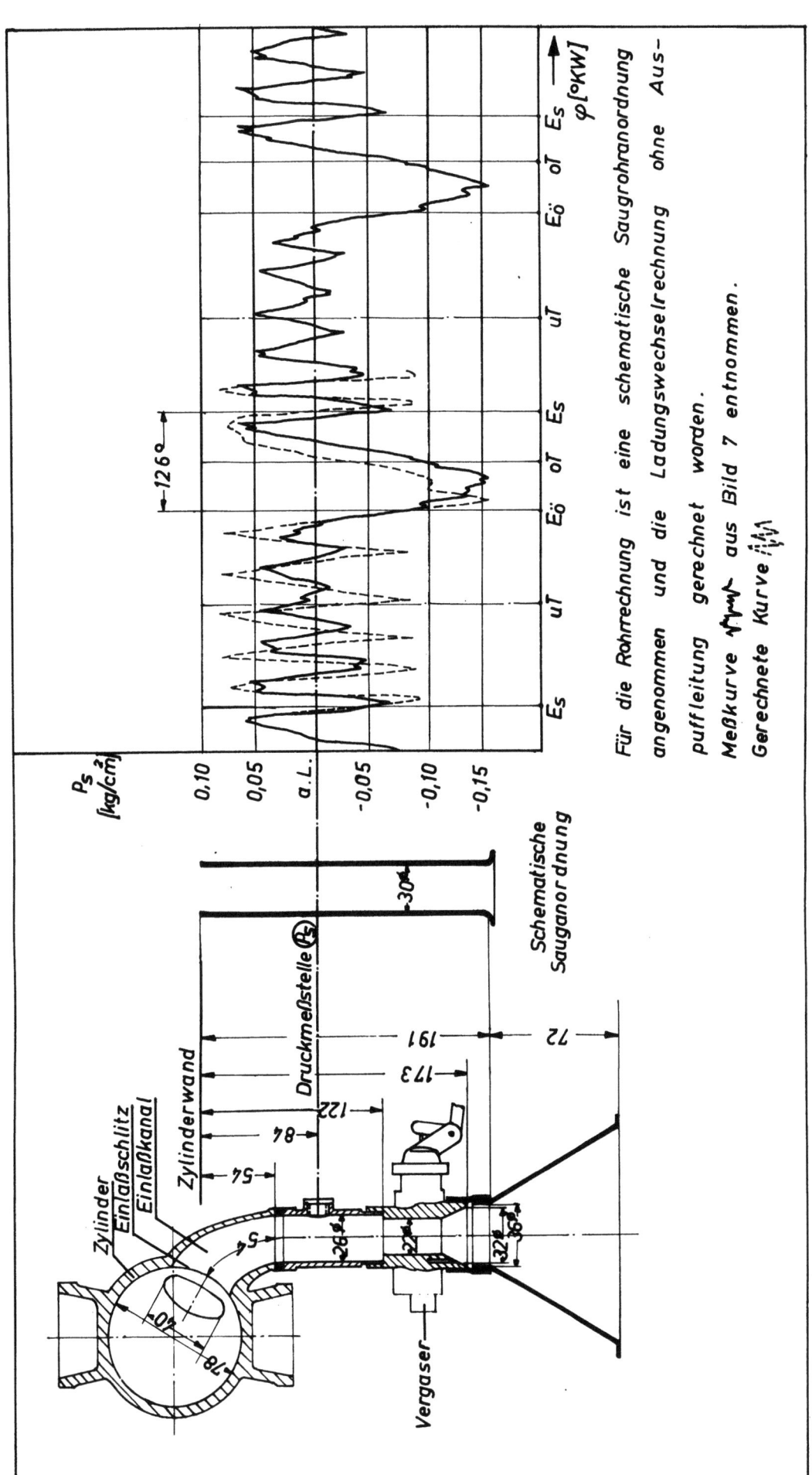

Abbildung 8

Vergleich des gemessenen und akustisch gerechneten Druckverlaufes im Saugrohr bei $n \cong 2600$ [min^{-1}] und Vollast

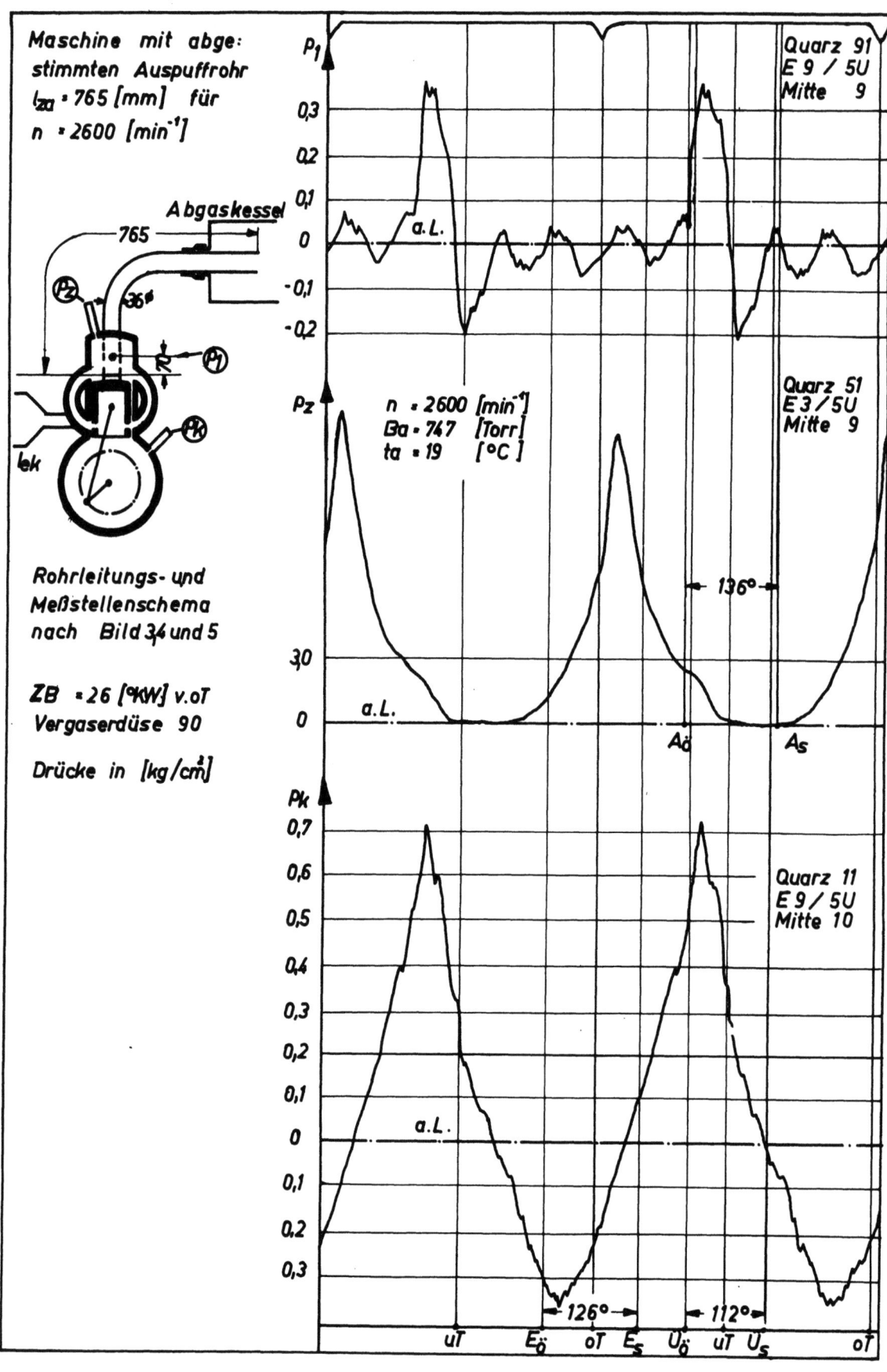

Abbildung 9

Gemessener Druckverlauf im Kurbelkasten, Zylinder und hinter dem Auslaßschlitz nei $n = 2600$ $[\min^{-1}]$ und Vollast nach Forschungsbericht Nr. 588

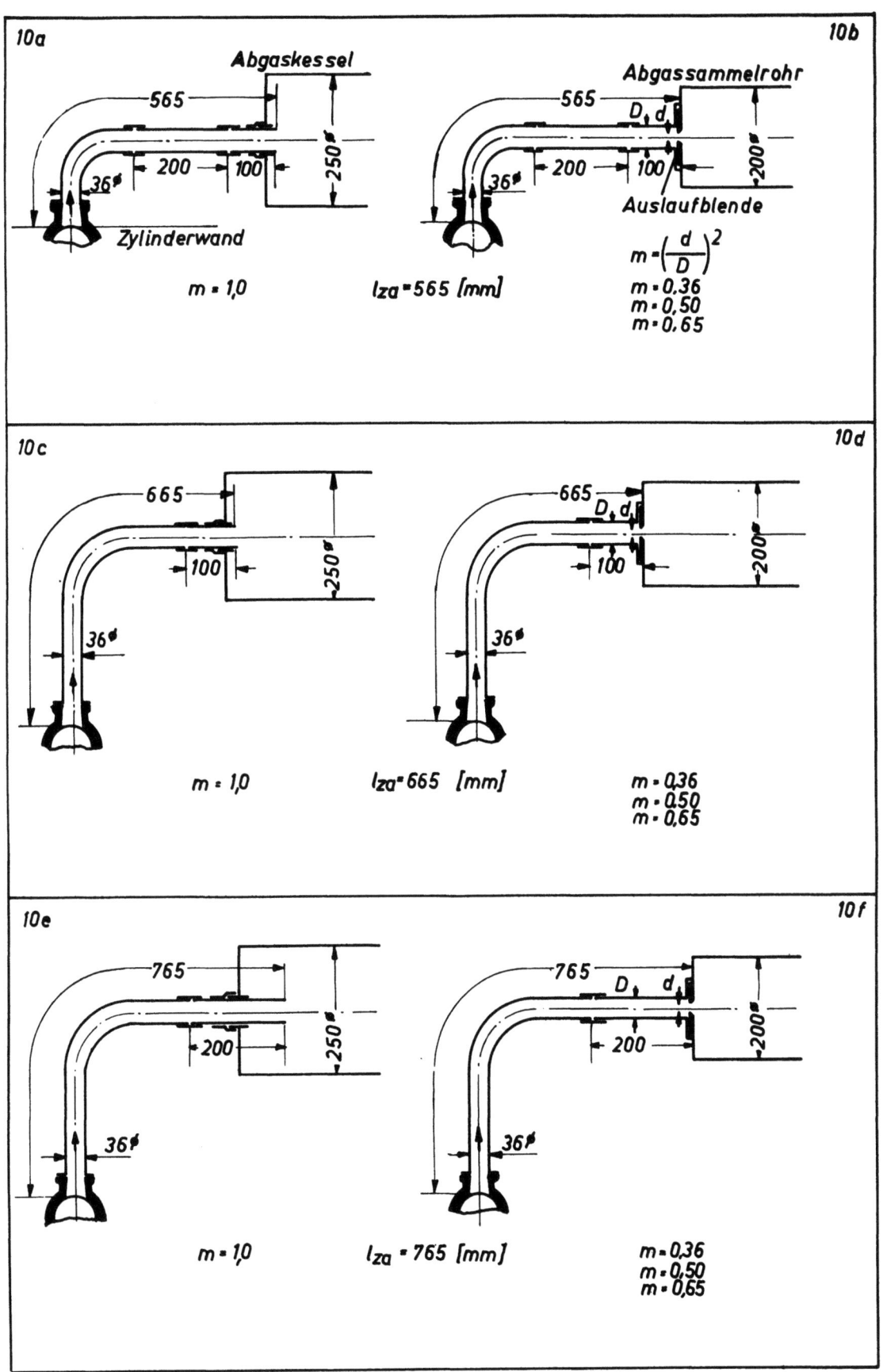

Abbildung 10a bis f

Auspuffrohranordnung mit und ohne Auslaufblenden

Seite 47

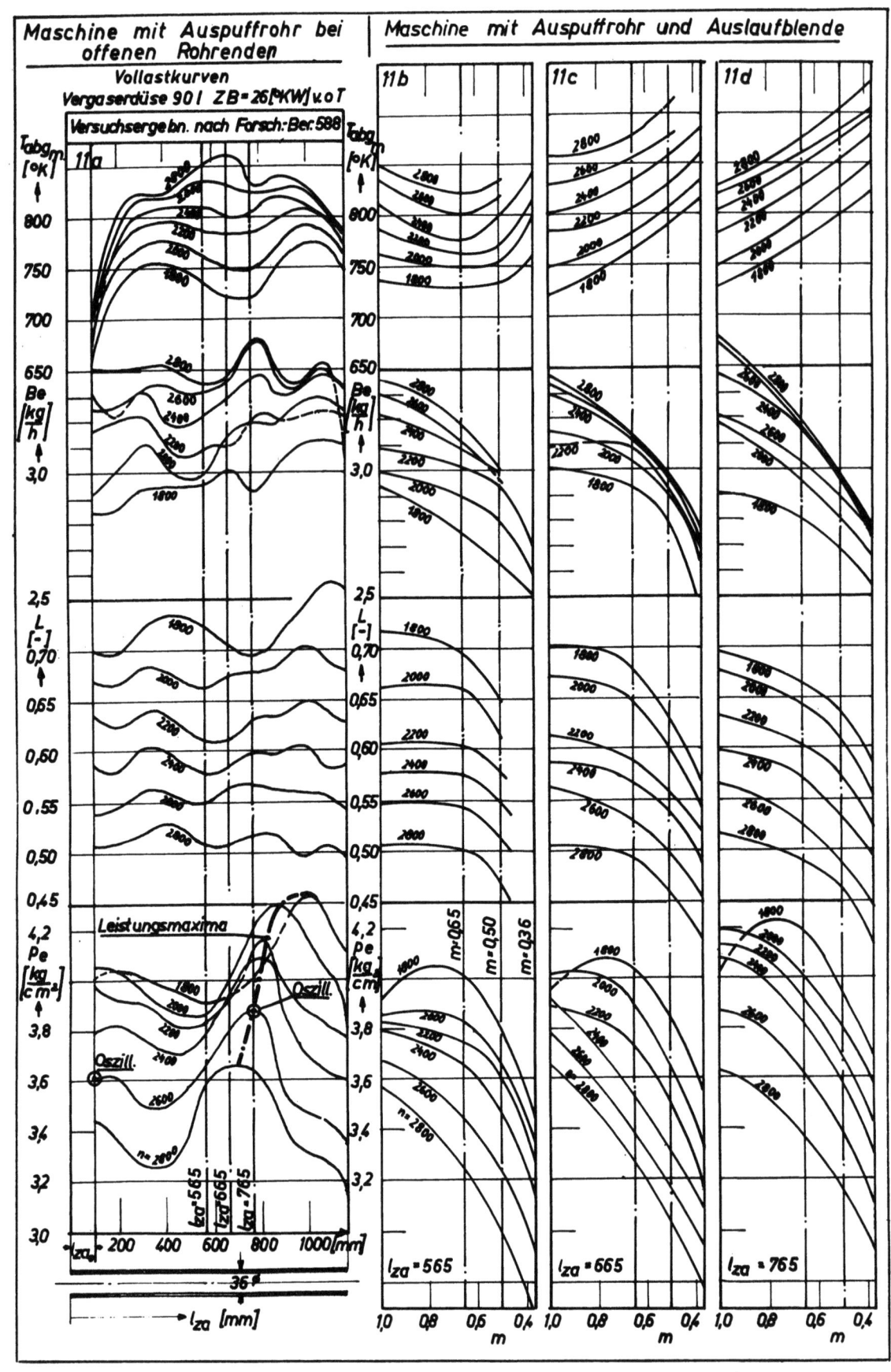

Abbildung 11a bis d

Kennfeldgrößen bei Auspuffanordnung mit offenen Rohrenden und Kennfeldgrößen dreier ausgezeichneter Auspuffrohre mit Auslaufblende

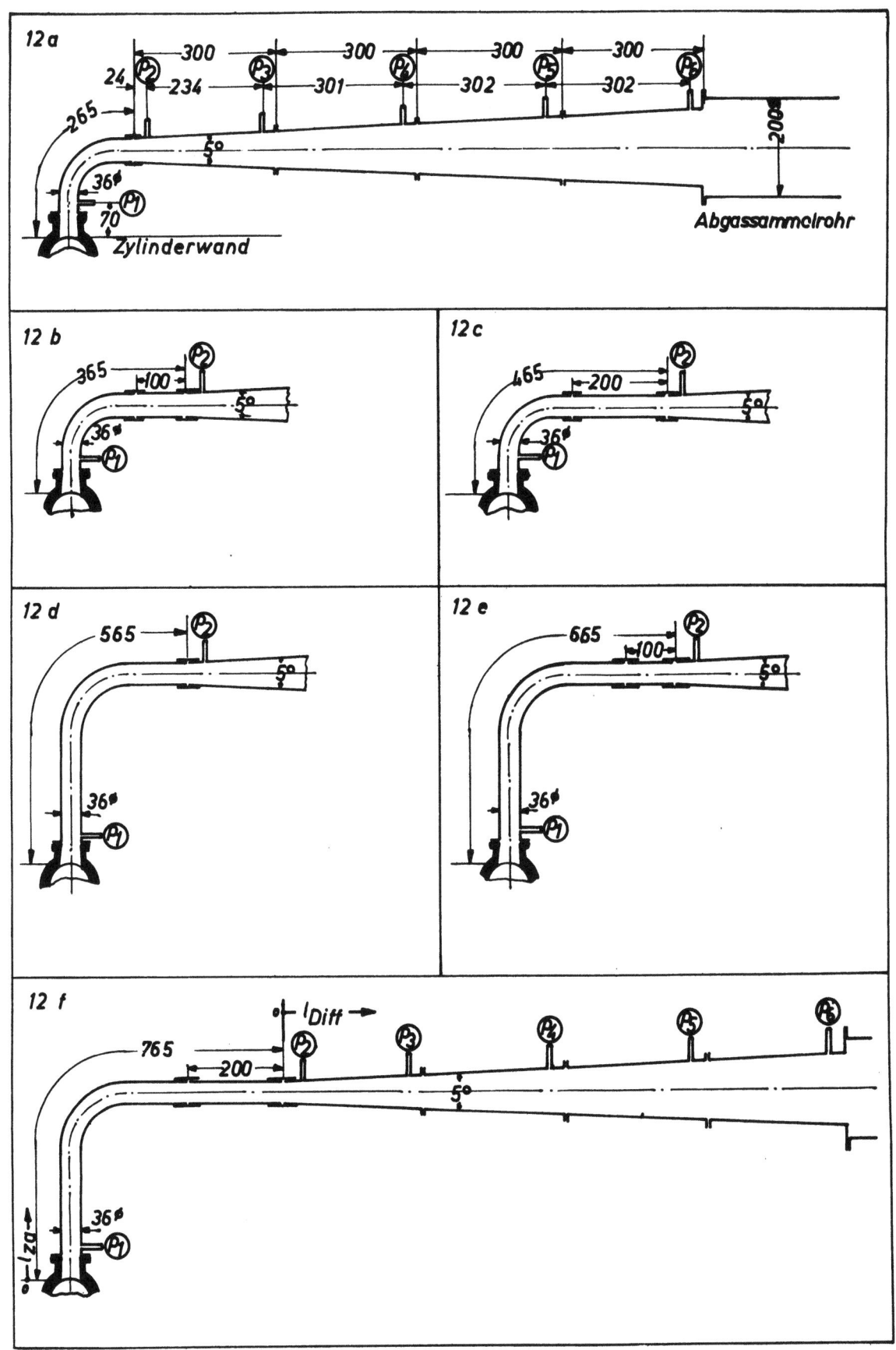

Abbildung 12a bis f

Abmessungen der Auspuffanlagen "Zylindrisches Rohr-Diffusor"

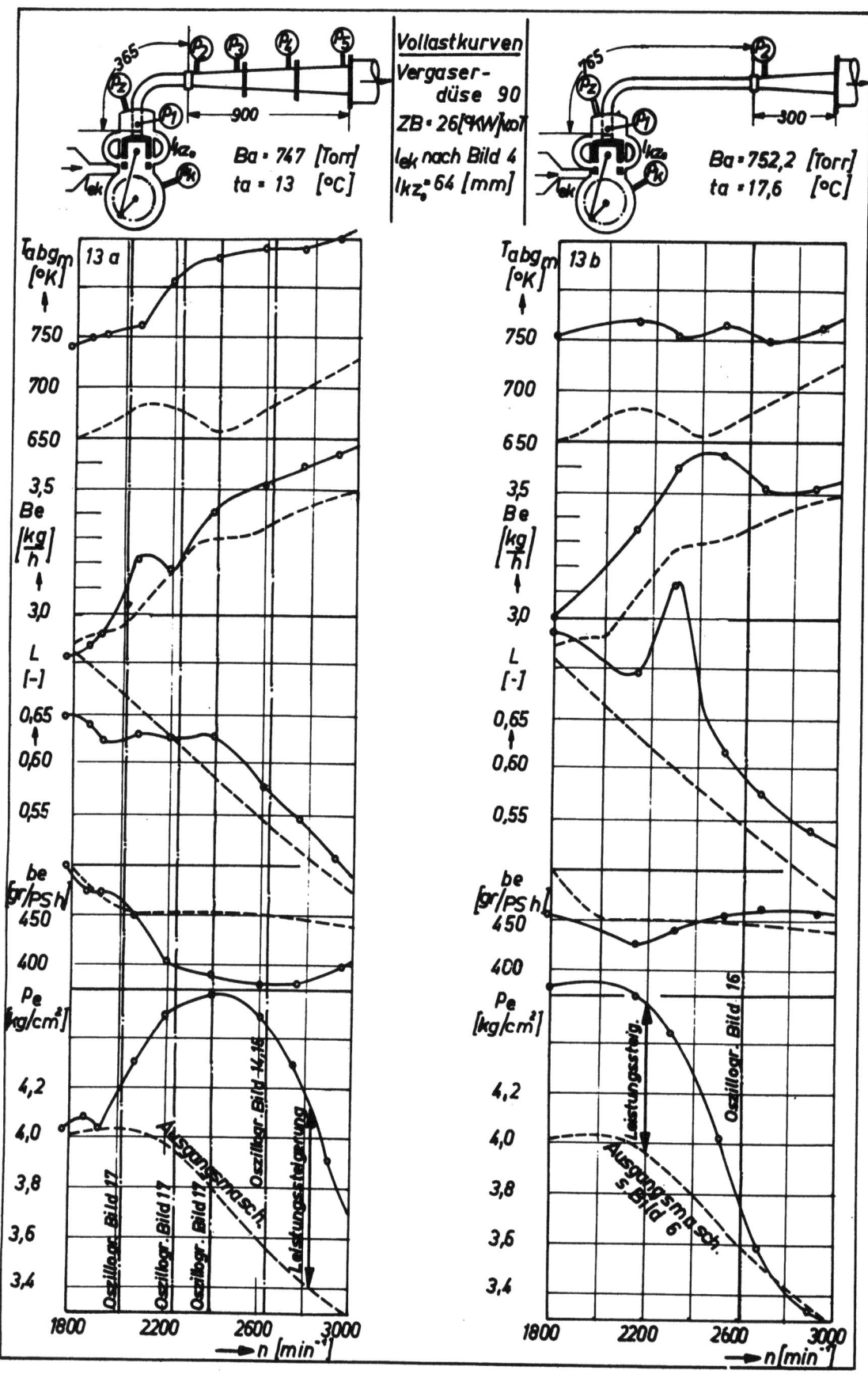

Abbildung 13a und b

Vergleich des Ausgangsmaschinenkennfeldes und zwei ausgewählten Kennfeldern bei Rohr-Diffusoranordnung

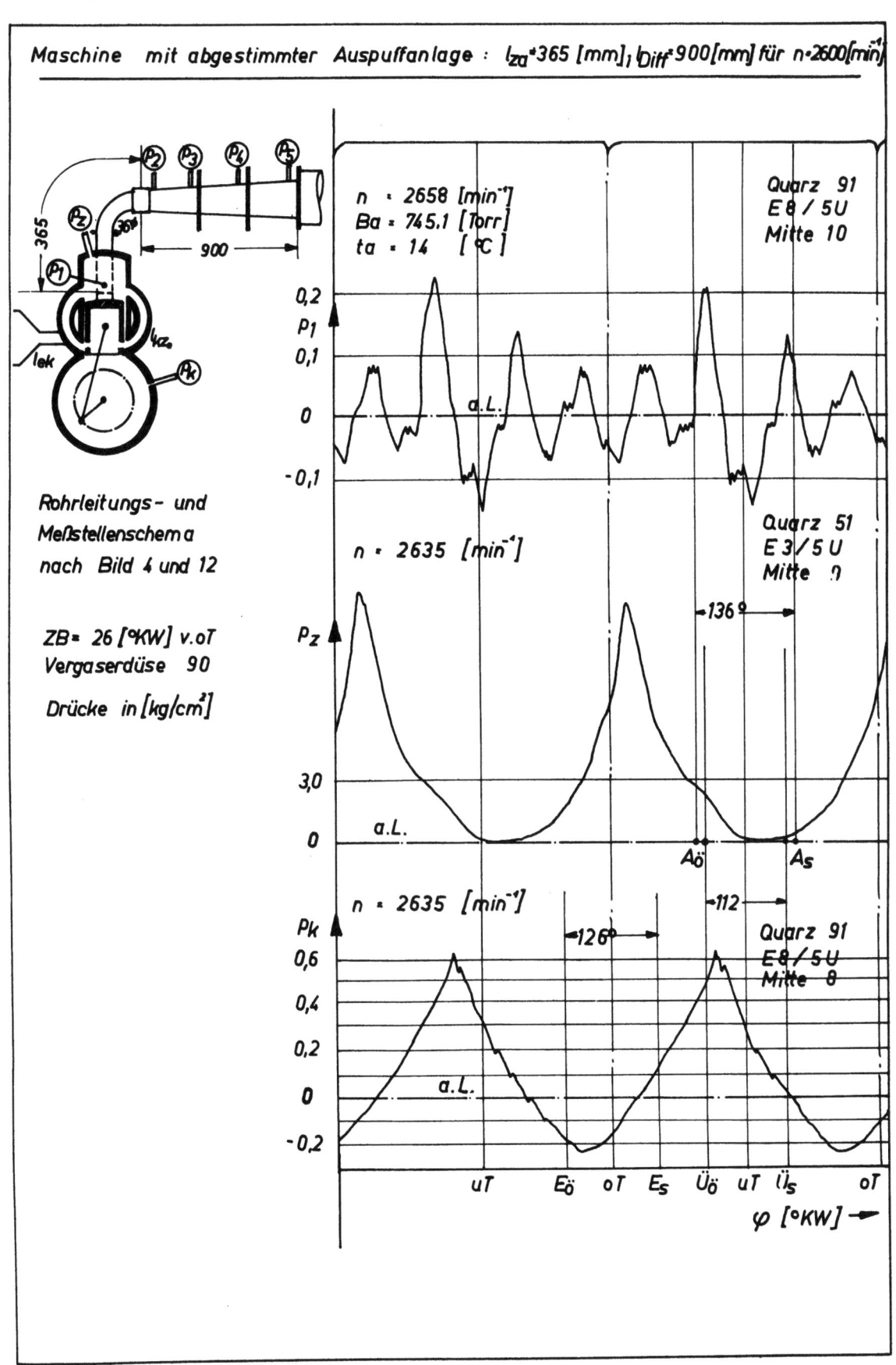

Abbildung 14

Gemessener Druckverlauf im Kurbelkasten, Zylinder und hinter dem Auslaß-schlitz bei n = 2600 [min^{-1}] und Vollast

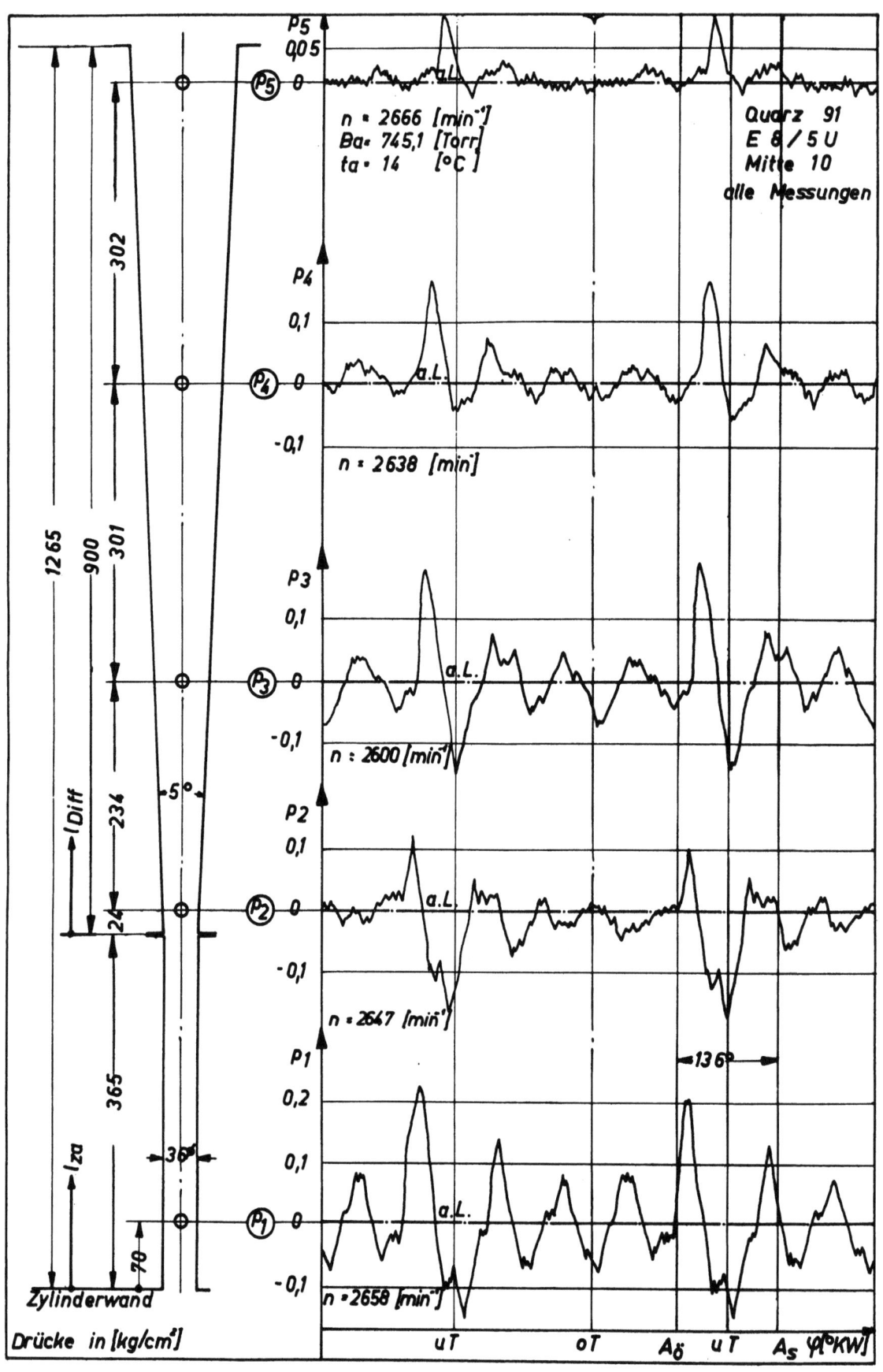

Abbildung 15

Gemessener Druckverlauf in der abgestimmten Auspuffanlage l_{za} = 365 [mm], l_{Diff} = 900 [mm] für n = 2600 [min^{-1}] und Vollast

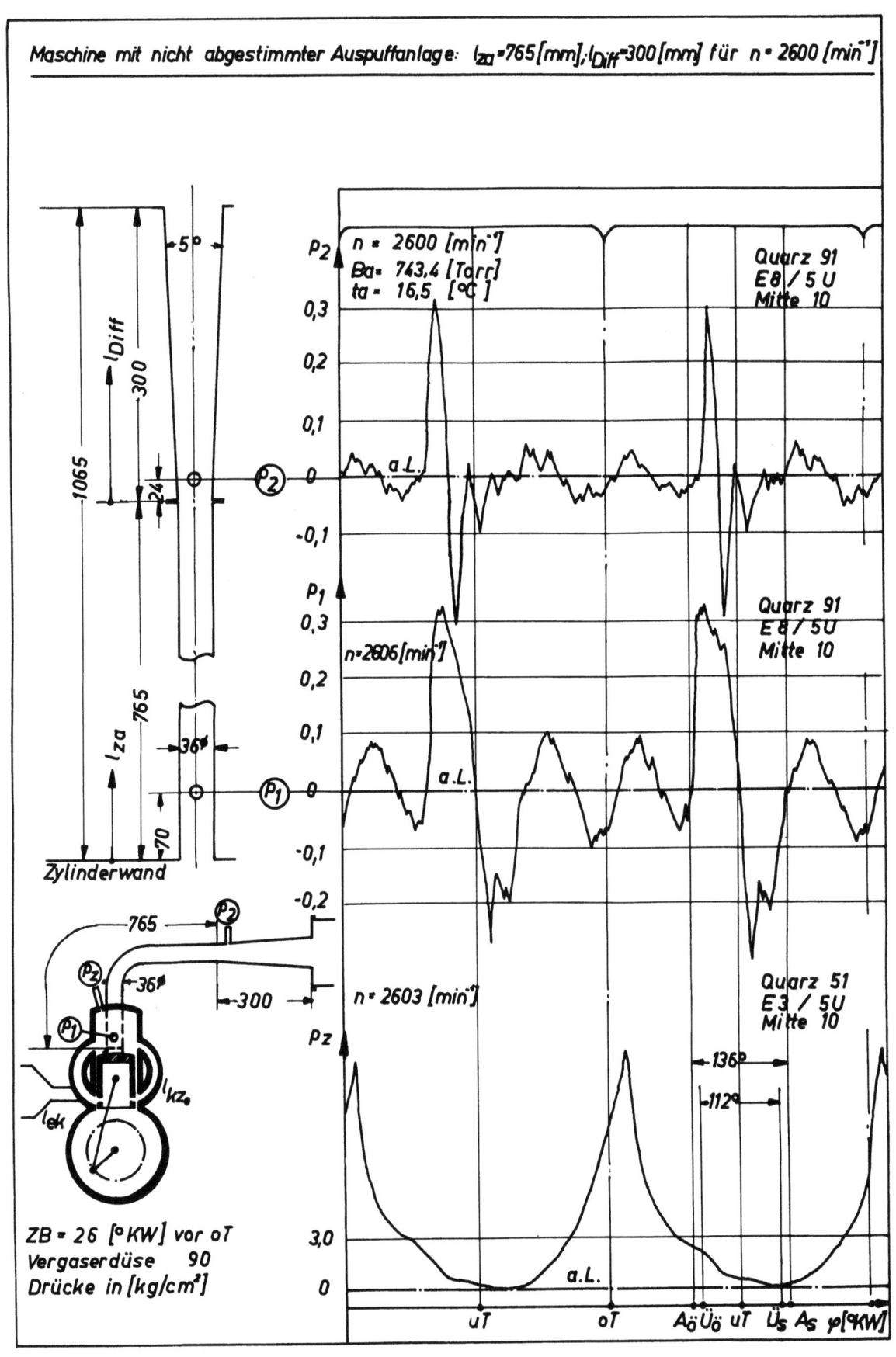

Abbildung 16

Gemessener Druckverlauf im Zylinder und in der Auspuffanlage für
n = 2600 [min^{-1}] und Vollast

Additional material from *Die Wirkung von Auspuffrohren mit Blenden am Rohrende sowie diffusorartiger Auspuffleitungen auf den Ladungswechsel einer den Ladungswechsel einer Einzylinder-Zweitakt-Vergasermaschine mit Kurbelkastenspülpumpe,* ISBN 978-3-663-20090-1, is available at http://extras.springer.com

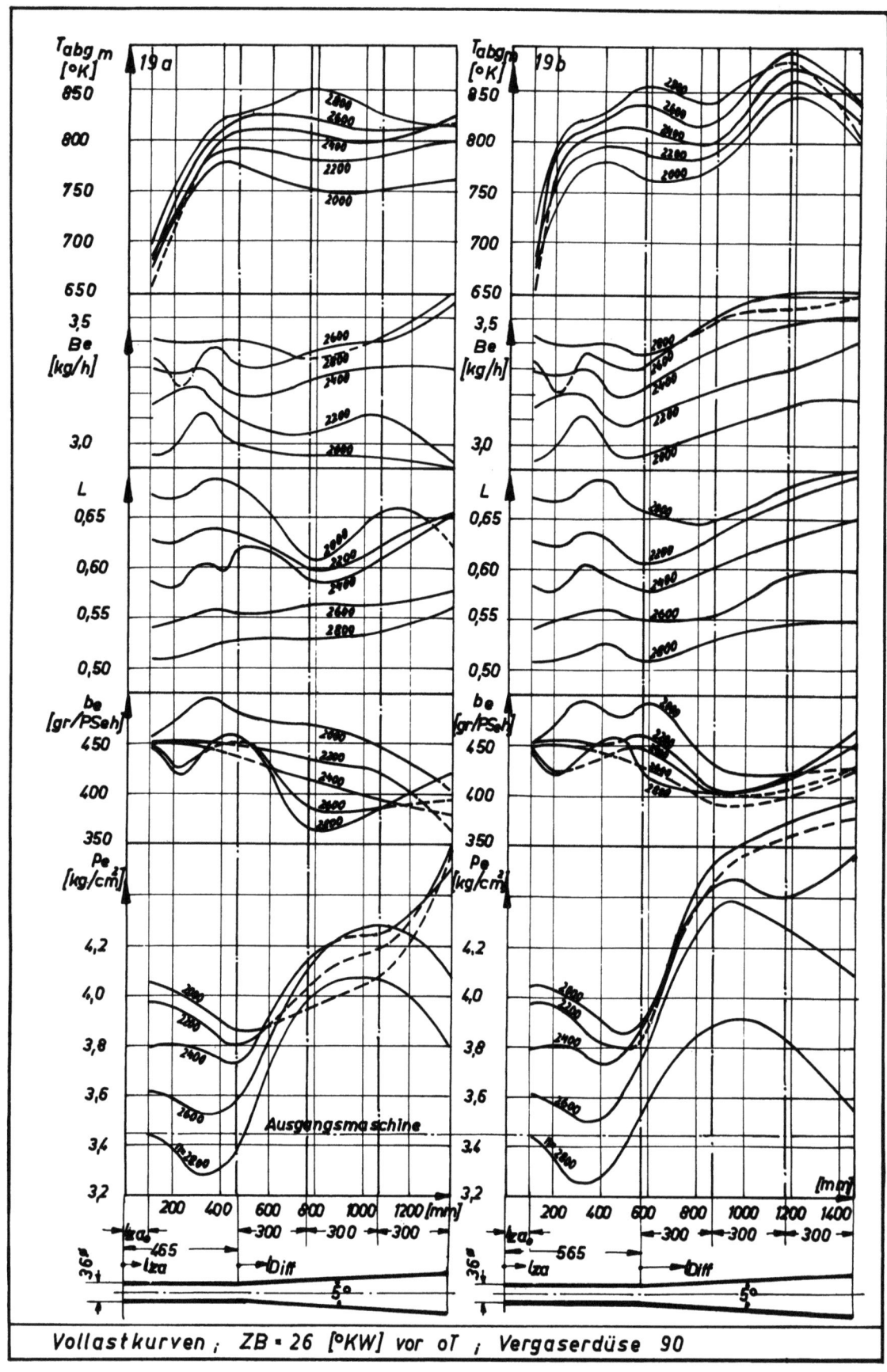

Abbildung 19a und b

Verlauf der Kennfeldgrößen als Funktion der Auspuffrohr-Diffusoranordnung

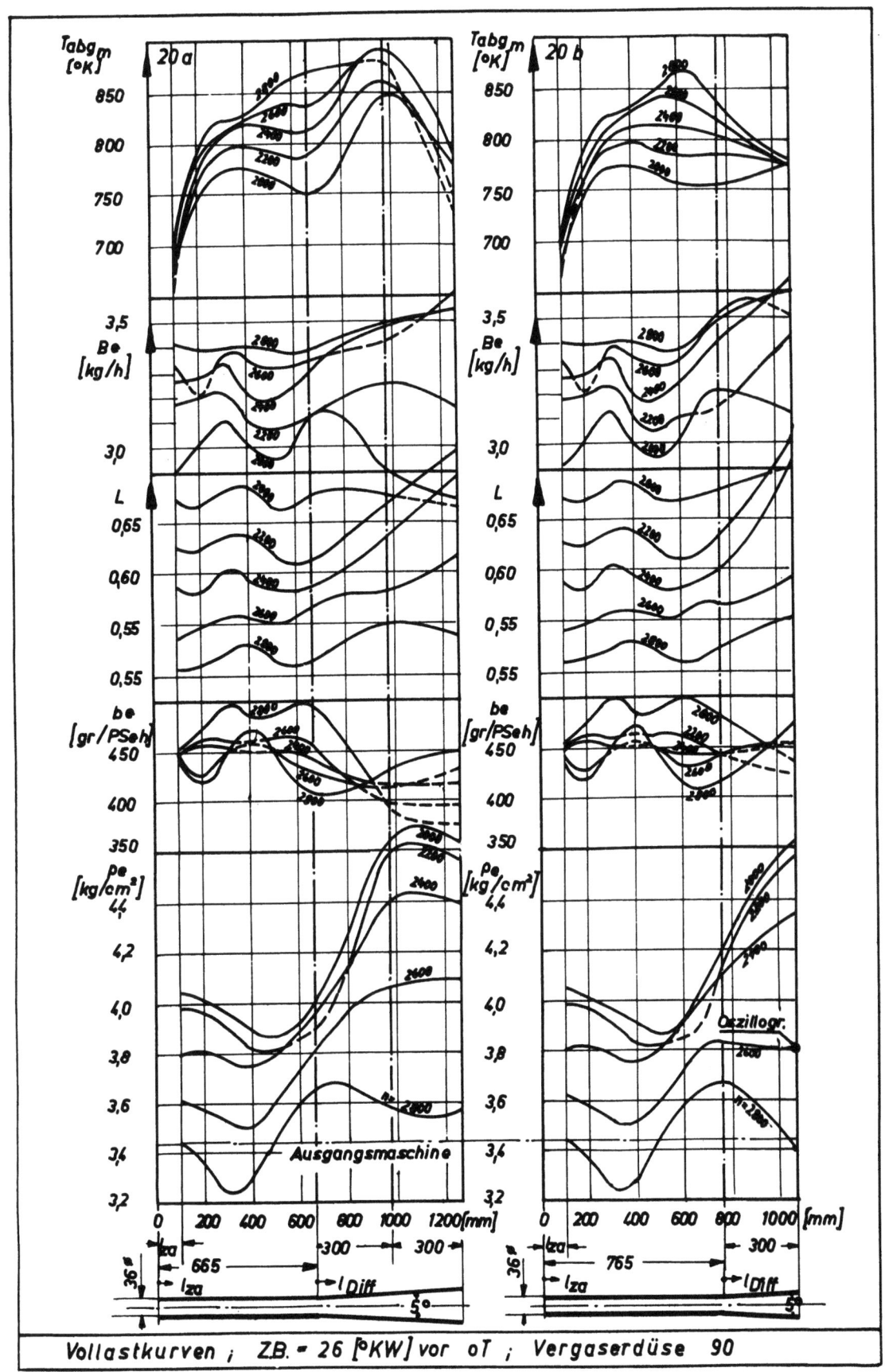

Abbildung 20a und b

Verlauf der Kennfeldgrößen als Funktion der Auspuffrohr-Diffusoranordnung

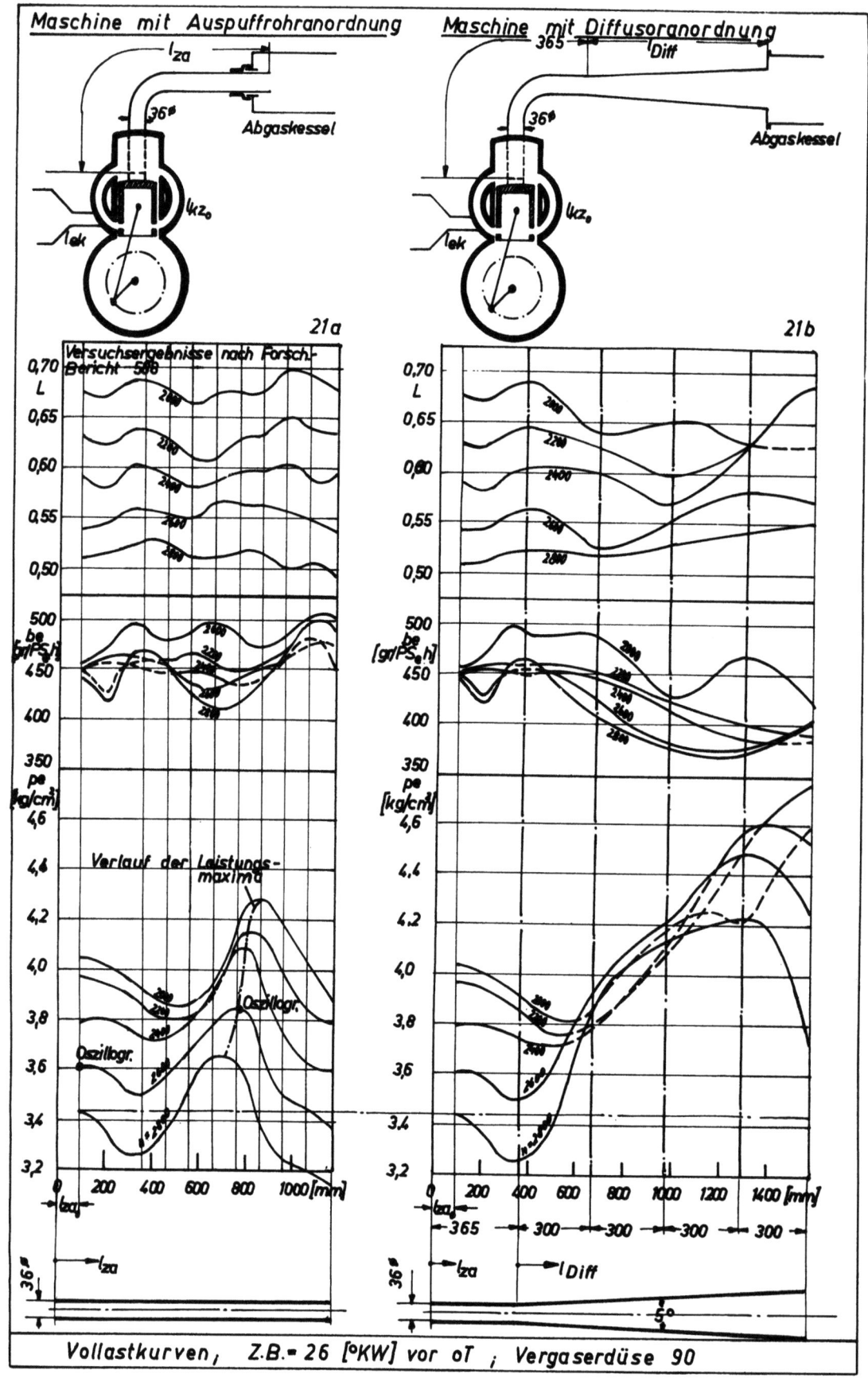

Abbildung 21a und b

Verlauf der Kennfelfgrößen bei Auspuffrohranordnung und bei einer Auspuffrohr-Diffusoranordnung

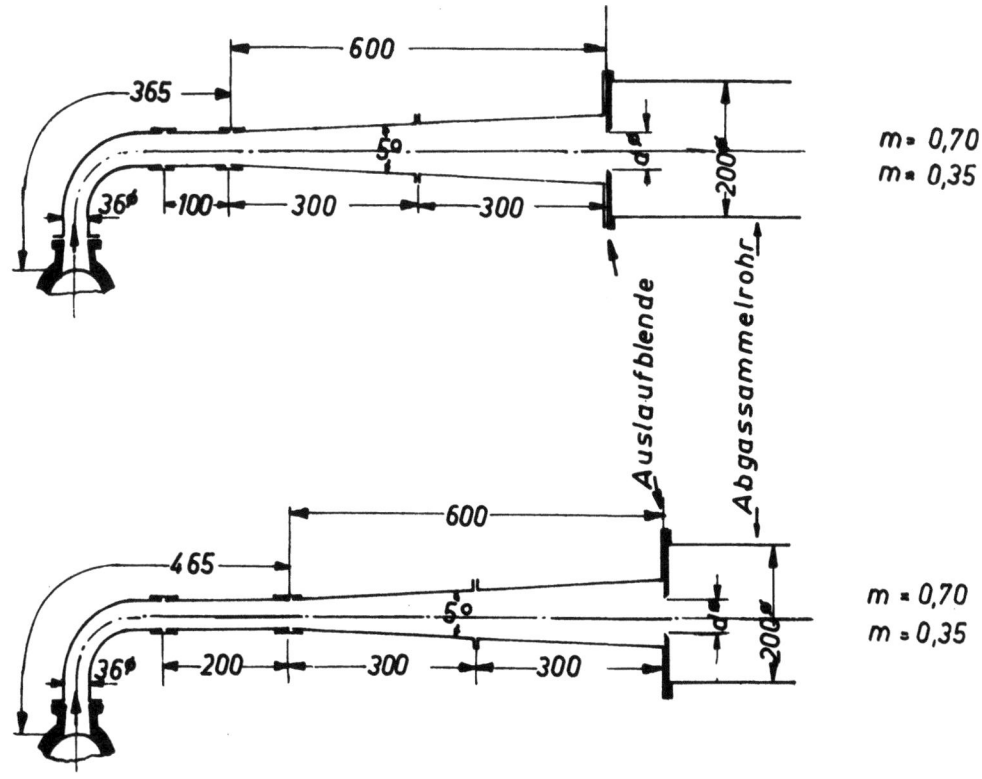

Abbildung 22

Abmessungen der Auspuffanlage "Zylindrisches Rohr-Diffusor mit Auslaufblende"

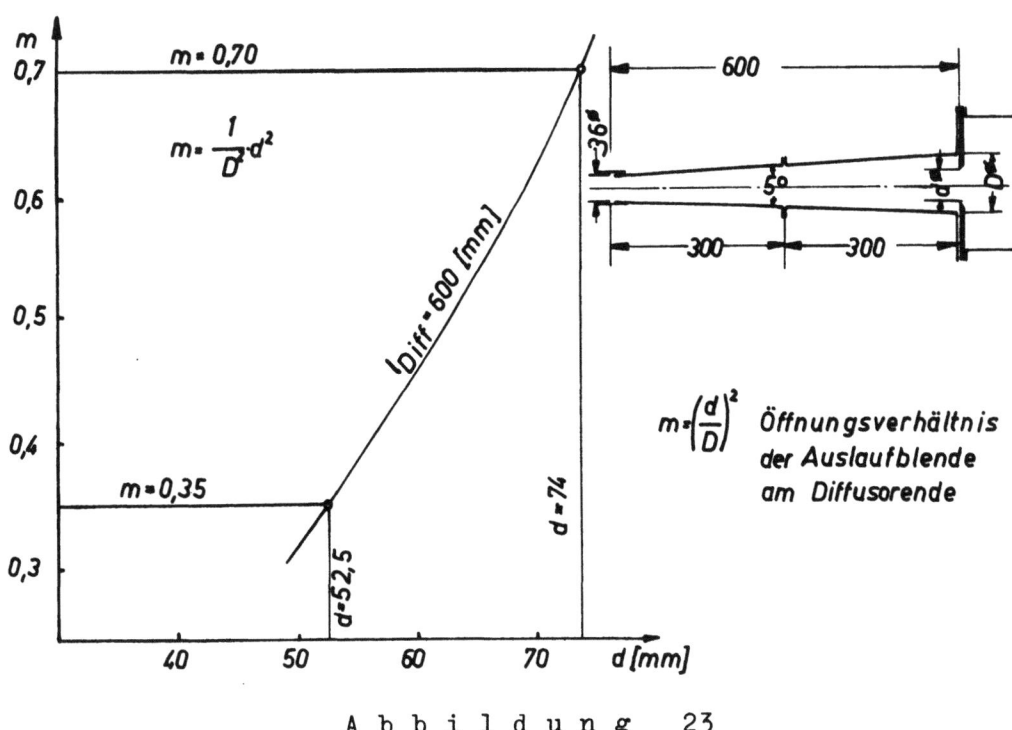

Abbildung 23

Definition des Öffnungsverhältnisses an der Auslaufblende am Diffusorende

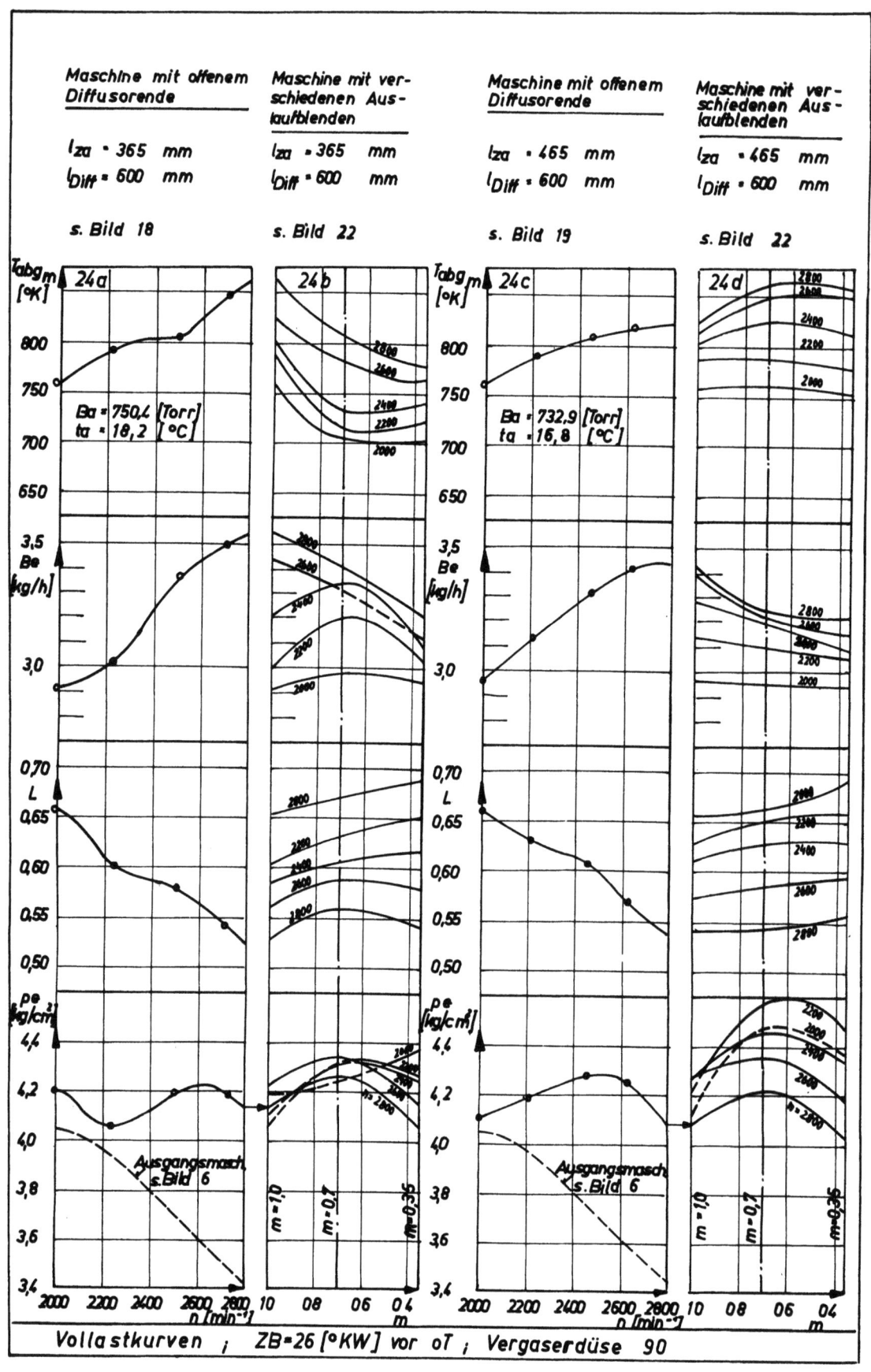

Abbildung 24a bis d

Kennfeldgrößen bei Auspuffrohr-Diffusoranordnung mit Auslaufblenden

FORSCHUNGSBERICHTE DES LANDES NORDRHEIN-WESTFALEN

Herausgegeben
im Auftrage des Ministerpräsidenten Dr. Franz Meyers
von Staatssekretär Professor Dr. h. c., Dr. E. h. Leo Brandt

MASCHINENBAU

HEFT 45
Losenhausenwerk Düsseldorfer Maschinenbau AG, Düsseldorf
Untersuchungen von störenden Einflüssen auf die Lastgrenzenanzeige von Dauerschwingprüfmaschinen
1953, 36 Seiten, 11 Abb., 3 Tabellen, DM 7,25

HEFT 77
Meteor Apparatebau Paul Schmeck GmbH, Siegen
Entwicklung von Leuchtstoffröhren hoher Leistung
1954, 46 Seiten, 12 Abb., 2 Tabellen, DM 9,15

HEFT 100
Prof. Dr.-Ing. H. Opitz, Aachen
Untersuchungen von elektrischen Antrieben, Steuerungen und Regelungen an Werkzeugmaschinen
1955, 166 Seiten, 71 Abb., 3 Tabellen, DM 31,30

HEFT 136
Dipl.-Phys. P. Pilz, Remscheid
Über spezielle Probleme der Zerkleinerungstechnik von Weichstoffen
1955, 58 Seiten, 19 Abb., 2 Tabellen, DM 11,50

HEFT 147
Dr.-Ing. W. Rudisch, Unna
Untersuchung einer drehelastischen Elektromagnet-Synchronkupplung
1955, 82 Seiten, 65 Abb., DM 17,70

HEFT 183
Dr. W. Bornheim, Köln
Entwicklungsarbeiten an Flaschen- und Ampullen-Behandlungsmaschinen für die pharmazeutische Industrie
1956, 48 Seiten, 24 Abb., DM 11,70

HEFT 212
Dipl.-Ing. H. Spodig, Selm
Untersuchung zur Anwendung der Dauermagnete in der Technik
1955, 44 Seiten, 25 Abb., DM 9,80

HEFT 295
Prof. Dr.-Ing. H. Opitz und Dipl.-Ing. H. Axer, Aachen
Untersuchung und Weiterentwicklung neuartiger elektrischer Bearbeitungsverfahren
1956, 42 Seiten, 27 Abb., DM 10,30

HEFT 298
Prof. Dr.-Ing. E. Oehler, Aachen
Untersuchung von kritischen Drehzahlen, die durch Kreiselmomente verursacht werden
1956, 50 Seiten, 35 Abb., DM 13,15

HEFT 384
Prof. Dr.-Ing. H. Opitz, Aachen
Schwingungsuntersuchungen an Werkzeugmaschinen
1958, 66 Seiten, 73 Abb., DM 20,40

HEFT 412
Prof. Dr.-Ing. H. Opitz, Aachen
Kennwerte und Leistungsbedarf für Werkzeugmaschinengetriebe
1958, 72 Seiten, 35 Abb., DM 17,20

HEFT 506
Prof. Dr.-Ing. W. Meyer zur Capellen, Aachen
Der Flächeninhalt von Koppelkurven. Ein Beitrag zu ihrem Formenwandel
1958, 74 Seiten, 26 Abb., DM 21,50

HEFT 533
Prof. Dr.-Ing. H. Opitz und Dipl.-Ing. W. Hölken, Aachen
Untersuchung von Ratterschwingungen an Drehbänken
1958, 70 Seiten, 44 Abb., 2 Tabellen, DM 19,70

HEFT 606
Oberbaurat Prof. Dr.-Ing. W. Meyer zur Capellen, Aachen
Eine Getriebegruppe mit stationärem Geschwindigkeitsverlauf
1958, 34 Seiten, 21 Abb., DM 10,50

HEFT 631
Dr. E. Wedekind, Krefeld
Der Einfluß der Automatisierung auf die Struktur der Maschinen- und Arbeiterzeiten am mehrstelligen Arbeitsplatz in der Textilindustrie
1958, 72 Seiten, 32 Abb., 8 Tabellen, DM 21,10

HEFT 667
Prof. Dr.-Ing. H. Opitz und Dipl.-Ing. H. de Jong, Aachen
Schwingungs- und Geräuschuntersuchungen an ortsfesten Getrieben
1959, 32 Seiten, 28 Abb., 2 Tabellen, DM 10,30

HEFT 668
Prof. Dr.-Ing. H. Opitz, Dipl.-Ing. G. Ostermann und Dipl.-Ing. M. Gappisch, Aachen
Beobachtungen über den Verschleiß an Hartmetallwerkzeugen
1958, 38 Seiten, 26 Abb., DM 12,—

HEFT 669
Prof. Dr.-Ing. H. Opitz, Dipl.-Ing. H. Uhrmeister und Dipl.-Ing. K. Jüstel, Aachen
Aufbau und Wirkungsweise einer Magnetbandsteuerung
1958, 50 Seiten, 39 Abb., DM 15,—

HEFT 670
Prof. Dr.-Ing. H. Opitz und Dipl.-Ing. W. Backé, Aachen
Untersuchung von Kopiersteuerungen
1959, 70 Seiten, 54 Abb., DM 18,80

HEFT 671
Prof. Dr.-Ing. H. Opitz, Dr.-Ing. R. Piekenbrink und Dipl.-Ing. K. Honrath, Aachen
Untersuchungen an Werkzeugmaschinenelementen
1959, 70 Seiten, 71 Abb., DM 20,—

HEFT 672
Prof. Dr.-Ing. H. Opitz, Dipl.-Ing. H. Heiermann und Dipl.-Ing. B. Rupprecht, Aachen
Untersuchungen beim Innenrundschleifen
1959, 34 Seiten, 50 Abb., DM 11,50

HEFT 673
Prof. Dr.-Ing. H. Opitz, Dipl.-Ing. H. Obrig und Dipl.-Ing. K. Ganser, Aachen
Die Bearbeitung von Werkzeugstoffen durch funkenerosives Senken
1959, 60 Seiten, 41 Abb., 1 Tabelle, DM 18,—

HEFT 676
Prof. Dr.-Ing. W. Meyer zur Capellen, Aachen
Harmonische Analyse bei Kurbeltrieben.
I. Allgemeine Zusammenhänge
1959, 38 Seiten, 10 Abb., DM 11,50

HEFT 695
Dr.-Ing. W. Herding, München
Die Fahrdynamik und das Arbeitsspiel gleisloser Erdbaugeräte als Kalkulationsgrundlage für die Bodenförderung und ihre Kosten
1960, 178 Seiten, 89 Abb., 18 Tabellen, DM 49,—

HEFT 718
Prof. Dr.-Ing. W. Meyer zur Capellen, Aachen
Die geschränkte Kurbelschleife
I. Die Bewegungsverhältnisse
1959, 110 Seiten, 54 Abb., DM 29,20

HEFT 764
Prof. Dr.-Ing. H. Opitz, Dr.-Ing. H. Siebel und Dipl.-Ing. R. Fleck, Aachen
Keramische Schneidstoffe
1959, 30 Seiten, 18 Abb., DM 9,80

HEFT 772
Prof. Dr.-Ing. W. Meyer zur Capellen, Aachen
Nomogramme zur geneigten Sinuslinie
1959, 28 Seiten, 11 Abb., DM 8,50

HEFT 775
Prof. Dr.-Ing. H. Opitz, Aachen
Automatische Erfassung der Maßabweichung der Werkstücke zum Zweck der selbständigen Korrektur der Maschine
1959, 38 Seiten, 27 Abb., DM 11,40

HEFT 777
Prof. Dr.-Ing. H. Opitz und Dipl.-Ing. P.-H. Brammertz, Aachen
Werkstückgüte und Fertigkeitskosten beim Innen-Feindrehen und Außenrund-Einsteckschleifen
1959, 92 Seiten, 68 Abb., DM 25,30

HEFT 788
Prof. Dr.-Ing. H. Opitz, Aachen
Der Einsatz radioaktiver Isotope bei Zerspanungsuntersuchungen
1959, 36 Seiten, 23 Abb., DM 11,30

HEFT 794
Dipl.-Ing. Reinhard Wilken, Düsseldorf
Das Biegen von Innenborden mit Stempeln
1959, 82 Seiten, DM 22,40

HEFT 801
Baurat Dipl.-Ing. Gesell, Duisburg
Ersatz von Quarzsand als Strahlmittel
1960, 66 Seiten, 12 Abb., 4 Tabellen, 17 Diagramme, DM 18,90

HEFT 803
*Prof. Dr.-Ing. W. Meyer zur Capellen und
Dipl.-Ing. E. Lenk, Aachen*
Harmonische Analyse bei Kurbeltrieben. Teil II: Gleichschenklige Getriebe
    1960, 69 Seiten, 15 Abb., DM 18,40

HEFT 804
*Prof. Dr.-Ing. W. Meyer zur Capellen und
Dipl.-Ing. W. Rath, Aachen*
Die geschränkte Kurbelschleife. Teil II: Die Harmonische Analyse
    1960, 66 Seiten, 14 Abb., DM 18,90

HEFT 806
Prof. Dr.-Ing. H. Opitz u. a., Aachen
Untersuchungen von Zahnradgetrieben und Zahnradbearbeitungsmaschinen
    1960, 95 Seiten, 81 Abb., DM 29,30

HEFT 809
Prof. Dr.-Ing. H. Opitz und Dipl.-Ing. H. H. Herold, Aachen
Untersuchung von elektro-mechanischen Schaltelementen
    1960, 35 Seiten, 16 Abb., DM 11,—

HEFT 810
Prof. Dr.-Ing. H. Opitz und Dr.-Ing. N. Maas, Aachen
Das dynamische Verhalten von Lastschaltgetrieben
    1960, 97 Seiten, 77 Abb., DM 29,50

HEFT 811
Prof. Dr.-Ing. H. Opitz und Dipl.-Ing. H. Bürklin, Aachen, Fa. Schoppe & Faeser, Minden, bearbeitet im Auftrage des Forschungsinstitutes für Rationalisierung in Aachen
Über Weggeber für automatisch gesteuerte Arbeitsmaschinen
    1960, 93 Seiten, 79 Abb., DM 27,70

HEFT 820
Prof. Dr.-Ing. H. Opitz, Dipl.-Ing. H. Rohde und Dipl.-Ing. W. König, Aachen
Untersuchungen der Spanformung durch Spanbrecher beim Drehen mit Hartmetallwerkzeugen
    1960, 35 Seiten, 16 Abb., DM 15,80

HEFT 830
Prof. Dr.-Ing. H. Opitz und Dipl.-Ing. W. Backé, Aachen
Automatisierung des Arbeitsablaufes in der spanabhebenden Fertigung
    1960, 43 Seiten, 39 Abb., DM 14,60

HEFT 831
Prof. Dr.-Ing. H. Opitz, Dr.-Ing. H.-G. Rohs und Dr.-Ing. G. Stute, Aachen
Statistische Untersuchungen über die Ausnutzung von Werkzeugmaschinen in der Einzel- und Massenfertigung
    1960, 38 Seiten, 32 Abb., DM 13,—

HEFT 835
Prof. Dr.-Ing. Walther Meyer zur Capellen, Lehrstuhl für Getriebelehre an der Technischen Hochschule, Aachen
Die harmonische Analyse von zykloidengesteuerten Schleifen
    In Vorbereitung

HEFT 864
Prof. Dr.-Ing. H. Opitz, Aachen
Funkenarbeit und Bearbeitungsergebnis bei der funkenerosiven Bearbeitung
    1960, 44 Seiten, 19 Abb., DM 13,10

HEFT 873
*Prof. Dr.-Ing. W. Meyer zur Capellen und
Dipl.-Ing. W. Rath, Aachen*
Kinematik der sphärischen Schubkurbel
    1960, 38 Seiten, 13 Abb., DM 11,20

HEFT 887
Baurat Dipl.-Ing. W. Gesell, Duisburg
Arbeiten mit Preß-Formmaschinen unter Normal-Bedingungen und bei hohen spezifischen Preßdrucken
    1960, 140 Seiten, 108 Abb., 11 Tabellen, DM 42,—

HEFT 898
Prof. Dr.-Ing. H. Opitz und H. de Jong, Aachen
Untersuchung von Zahnradgetrieben und Zahnradbearbeitungsmaschinen in Zusammenarbeit mit der Industrie
    1960, 58 Seiten, 52 Abb., DM 19,20

HEFT 900
Prof. Dr.-Ing. H. Opitz und Dr.-Ing. J. Bielefeld, Aachen
Automatisierung der Werkzeugmaschine für die spanabhebende Bearbeitung
    1960, 74 Seiten, 55 Abb., DM 21,—

HEFT 901
*Prof. Dr.-Ing. H. Opitz, Dr.-Ing. J. Bielefeld und
Dipl.-Ing. W. Kalkert, Aachen*
Lebensdauerprüfung von Zahnradgetrieben
    1960, 54 Seiten, 46 Abb., DM 17,30

HEFT 908
Dr.-Ing. W. Dettmering, Institut für Turbomaschinen der Technischen Hochschule Aachen
Experimentelle Untersuchungen an einer axialen Turbinenstufe
    1960, 180 Seiten, 116 Abb., 16 Tabellen, DM 50,80

HEFT 914
Baurat Dipl.-Ing. Waldemar Gesell, Staatl. Ingenieurschule für Maschinenwesen, Duisburg
Zu Fragen der Strahlmittelprüfung
    1961, 188 Seiten, 78 Abb., DM 49.—

HEFT 923
Prof. Dr.-Ing. W. Meyer zur Capellen und Dipl.-Ing. Karl-Albert Rischen, Lehrstuhl für Getriebelehre der Technischen Hochschule Aachen
Lagenzuordnungen an ebenen Viergelenkgetrieben in analytischer Darstellung. Eine Maßsynthese
    1961, 84 Seiten, 29 Abb., DM 23,20

HEFT 928
Prof. Dr.-Ing. Herwart Opitz, Dipl.-Ing. Helmut Rohde und Dipl.-Ing. Wilfried König, Laboratorium für Werkzeugmaschinen und Betriebslehre an der Technischen Hochschule Aachen
Untersuchung des Räumvorganges
    1961, 116 Seiten, 90 Abb., DM 36,10

HEFT 929
Prof. Dr.-Ing. Herwart Opitz, Laboratorium für Werkzeugmaschinen und Betriebslehre an der Technischen Hochschule Aachen
Richtwerte für das Fräsen von unlegierten und legierten Baustählen mit Hartmetall. — Teil III
    1961, 64 Seiten, 57 Abb., 7 Tabellen, DM 21,30

HEFT 930
Prof. Dr.-Ing. Herwart Opitz und Dipl.-Ing. Rolf Umbach, Laboratorium für Werkzeugmaschinen und Betriebslehre an der Technischen Hochschule Aachen
Modellversuch zur dynamischen Versteifung von Werkzeugmaschinen durch Ankopplung gedämpfter Hilfsmassensysteme
    1961, 18 Seiten, 30 Abb., DM 13,30

HEFT 931
Dipl.-Ing. H. G. Rachner, Institut für Maschinengestaltung und Maschinendynamik der Technischen Hochschule Aachen
Ein Beitrag zur Frage der Kettenradverzahnung
    1961, 64 Seiten, 55 Abb., 2 Tabellen DM 19,30

HEFT 943
Dipl.-Ing. H. G. Rachner, Institut für Maschinengestaltung und Maschinendynamik der Technischen Hochschule Aachen
Die Drehschwingungen des Zweirad-Kettengetriebes bei innerer Erregung
    1961, 98 Seiten, 68 Abb., DM 30,—

HEFT 949
Prof. Dr.-Ing. K. Leist †, Dipl.-Ing. Dieter Stojek und Dipl.-Ing. Manfred Pötke, Institut für Turbomaschinen der Technischen Hochschule Aachen
Verbesserung der Wirtschaftlichkeit von Gasturbinen durch Zwischenverbrennung innerhalb der Turbine und Versuche zu ihrer Verwirklichung
    1961, 80 Seiten, 40 Abb., DM 30,10

HEFT 950
Prof. Dr.-Ing. K. Leist † und Dipl.-Ing. Oswald Thun, Institut für Turbomaschinen der Technischen Hochschule Aachen
Strömungsmessungen zur Ermittlung von Brennkammer-Ausbrenngraden
    1961, 66 Seiten, 33 Abb., 6 Tabellen DM 19,90

HEFT 951
Prof. Dr.-Ing. K. Leist † und Dipl.-Ing. Oswald Thun, Institut für Turbomaschinen der Technischen Hochschule Aachen
Meßmethode bei Brennkammeruntersuchungen zur Ermittlung des Ausbrenngrades
    1961, 64 Seiten, 10 Abb., 2 Tabellen, DM 19,20

HEFT 953
Prof. Dr.-Ing. K. Leist † und Dipl.-Ing. Heinrich Ostenrath, Institut für Turbomaschinen der Technischen Hochschule Aachen
Betriebsverhalten einer Versuchsgasturbine kleiner Leistung
    1961, 44 Seiten, 35 Abb., 2 Anlagen, DM 15,30

HEFT 955
Prof. Dr.-Ing. H. Opitz und Dipl.-Ing. H. Uhrmeister, Laboratorium für Werkzeugmaschinen und Betriebslehre der Technischen Hochschule Aachen
Die dynamischen Eigenschaften hydraulischer Vorschubmotoren für Werkzeugmaschinen
    1961, 60 Seiten, 66 Abb., DM 20,—

HEFT 977
Dr.-Ing. Gottfried Kronenberger, Institut für Baumaschinen und Baubetrieb der Technischen Hochschule Aachen
Verdichtungswirkung und Arbeitsverhalten eines Einmassenrüttlers auf Schotter und Kiessand zur Ermittlung der maßgeblichen Einflußgrößen bei der Rüttelverdichtung
    1961, 96 Seiten, 17 Tafeln, 7 Tab., 36 Abb., DM 27,70

HEFT 981
Dr.-Ing. Werner Wilhelm, Aerodynamisches Institut der Technischen Hochschule Aachen
Berechnung des Gaswechsels kurbelkastengespülter Zweitaktmotoren unter Berücksichtigung des Einflusses der Massenwirkung der strömenden Gassäule in den Spülkanälen
    1961, 58 Seiten, 6 Abb., DM 19,20

HEFT 982
Dr.-Ing. Werner Wilhelm, Aerodynamisches Institut der Technischen Hochschule Aachen
Die Wirkung von Auspuffrohren mit Blenden am Rohrende sowie diffusorartiger Auspuffleistungen auf den Ladungswechsel einer Einzylinder-Zweitakt-Vergasermaschine mit Kurbelkastenspülpumpe

HEFT 983
Prof. Dr.-Ing. Paul Hadlatsch †, Aerodynamisches Institut der Technischen Hochschule Aachen
Berechnung der Druckwellen in Brennstoffeinspritzsystemen und in hydraulischen Ventilsteuerungen
In Vorbereitung

HEFT 986
Dr.-Ing. Jameel Ahmad Khan, Aerodynamisches Institut der Technischen Hochschule Aachen
Untersuchungen zur instationären Strömung durch unstetige Querschnittsänderungen in Druckleitungen von Einspritzsystemen
In Vorbereitung

HEFT 987
Dr.-Ing. Wilhelm Bosch, Aerodynamisches Institut der Technischen Hochschule Aachen
Untersuchungen zur instationären reibenden Strömung in Druckleitungen von Einspritzsystemen
In Vorbereitung

HEFT 988
Dr.-Ing. Werner Wilhelm und Dipl.-Ing. Rudolf Jürgler, Aerodynamisches Institut der Technischen Hochschule Aachen
Nichtstationäre, eindimensionale und reibungsfreie Gasströmung schwach kompressibler Medien in Rohren mit einigen unstetigen Querschnittsänderungen
1961, 70 Seiten, 17 Abb., DM 21,50

HEFT 989
Dr.-Ing. Werner Wilhelm, Aerodynamisches Institut der Technischen Hochschule Aachen
Einfluß der Spülkanalabmessungen auf den Ladungswechsel kurbelkastengespülter Zweitaktmotoren

HEFT 1007
Prof. Dr.-Ing. H. Opitz, Dr.-Ing. Gottfried Stute, Laboratorium für Werkzeugmaschinen und Betriebslehre der Technischen Hochschule, Aachen
Untersuchung über den Einsatz der funkenerosiven Bearbeitung im Werkzeugbau

HEFT 1008
Prof. Dr.-Ing. H. Opitz, Dr.-Ing. P.-H. Brammertz, Laboratorium für Werkzeugmaschinen und Betriebslehre der Technischen Hochschule Aachen
Untersuchung der Ursachen für Form- und Maßfehler bei der Feinbearbeitung

HEFT 1011
Prof. Dr.-Ing. H. Opitz, Dr.-Ing. Günter Ostermann, Laboratorium für Werkzeugmaschinen und Betriebslehre der Technischen Hochschule Aachen
Untersuchung der Ursache des Werkzeugverschleißes

HEFT 1035
Dr.-Ing. Walter Rath, Lehrstuhl für Getriebelehre an der Technischen Hochschule Aachen
Massenkräfte in den Lagern sphärischer Getriebe
In Vorbereitung

Ein Gesamtverzeichnis der Forschungsberichte, die folgende Gebiete umfassen, kann bei Bedarf vom Verlag angefordert werden:
Acetylen / Schweißtechnik - Arbeitswissenschaft - Bau / Steine / Erden - Bergbau - Biologie - Chemie - Eisenverarbeitende Industrie - Elektrotechnik / Optik · Fahrzeugbau / Gasmotoren - Farbe / Papier / Photographie - Fertigung - Funktechnik / Astronomie - Gaswirtschaft - Hüttenwesen / Werkstoffkunde - Kunststoffe - Luftfahrt / Flugwissenschaften - Maschinenbau - Medizin / Pharmakologie - NE-Metalle - Physik - Schall / Ultraschall - Schiffahrt - Textiltechnik / Faserforschung / Wäschereiforschung - Turbinen - Verkehr - Wirtschaftswissenschaft.

If you have any concerns about our products,
you can contact us on
ProductSafety@springernature.com

In case Publisher is established outside the EU,
the EU authorized representative is:
Springer Nature Customer Service Center GmbH
Europaplatz 3, 69115 Heidelberg, Germany

Printed by Libri Plureos GmbH
in Hamburg, Germany